Julius Jacobson

Beiträge zur Pathologie des Auges

Julius Jacobson

Beiträge zur Pathologie des Auges

ISBN/EAN: 9783743341111

Hergestellt in Europa, USA, Kanada, Australien, Japan

Cover: Foto ©berggeist007 / pixelio.de

Manufactured and distributed by brebook publishing software (www.brebook.com)

Julius Jacobson

Beiträge zur Pathologie des Auges

BEITRÄGE

ZUR

PATHOLOGIE DES AUGES

VON

J. JACOBSON

PROFESSOR AN DER UNIVERSITÄT KÖNIGSBERG.

LEIPZIG

VERLAG VON WILHELM ENGELMANN

1888.

DEM ERSTEN LEITER

UND TREU BEWÄHRTEN GÖNNER

DER ERSTEN

KÖNIGSBERGER UNIVERSITÄTS-POLIKLINIK,

SEINEM

LIEBEN FREUNDE UND COLLEGEN

Dr. MED. BORBE

-

DER VERFASSER.

Vorrede.

Die dritte und vierte Abhandlung waren fast gleichzeitig beendet, als dieselbe Erscheinung, die mich schon seit Jahren beschäftigt hatte, mir von Neuem in der Literatur der beiden heterogenen Themata, um die es sich handelte, der Trichiasis und des Glaucoms, auffiel. Auch hier zeigte sich im Grossen, wie im Kleinen, dass man den Plan, nach welchem Graefe das Fundament einer neuen Pathologie mit glänzendem Erfolge geschaffen, allmählich verlassen hatte.

Gehört Graefe auch zu den Propheten, die nach dem Tode im Vaterlande bei ihren Schülern weniger gelten, als zur Zeit, da sie lebten, so haben doch in neidloser Anerkennung seiner Verdienste alle civilisirten Nationen den Ruhm des unerreichten, genialen Begründers einer neuen Ophthalmopathologie durch ihre wissenschaftliche Literatur so unverkürzt erhalten, dass man nicht ohne Befremden wahrnimmt, wie bald nach seinem Tode die Wege verlassen worden sind, auf denen die Zeitgenossen ohne Unterschied der Schulen dem grossen Führer freiwillig gefolgt waren.

Aus principiellen Differenzen kann ich diese auffallende Erscheinung nicht erklären, glaube vielmehr, es sei mit der Person, zu der Alle hinaufschauten, unserer Wissenschaft die Einheit der Bestrebungen verloren gegangen, die weniger einem gemeinsam entworfenen Plane productiver Fachgenossen zu danken war, als vielmehr im Anschlusse an das Vorbild des von Allen gleich bewunderten Führers sich unwillkürlich entwickelt hatte.

Die freiwillige Unterordnung Aller unter die Methode eines jungen Klinikers, dem Nichts ferner lag, als dem jüngsten Anfänger an Stelle eigener Überzeugungen irgend ein Dogma aufzuzwingen, zeugt laut für die unwiderstehliche Macht des Genies und für die richtige, gesunde Empfindung einer Zeit, wie sie glänzender in der Geschichte der medicinischen Wissenschaft kaum sich finden dürfte.

Erst nach 1870 blieb einigen strebsamen Collegen das zweifelhafte Verdienst vorbehalten, mit starrer, einer besseren Sache würdiger Consequenz die besten Werke des kühnen Reformators zu verkleinern, dessen ganze Grösse mir nie klarer geworden ist, als seitdem uns von Zeit zu Zeit Gelegenheit geboten wird, ihn mit seinen Gegnern zu vergleichen. Eine Parallele zwischen ihm und jenen bleibe dem Satiriker überlassen!

Ob diese Eintagshelden der Wissenschaft dazu beigetragen haben mögen, die Arbeit aus dem alten Geleise zu bringen, wäre aus praktischen Gründen einer Untersuchung werth. Nicht ohne hochgradigen Pessimismus wird man sich zu dem Glauben entschliessen, nicht ohne besondere Vorliebe für eine Carricatur unserer Wissenschaft sich dazu hergeben, auf die Verbesserungsversuche der Gegner näher einzugehen.

Den grossen Wechsel der Zeiten mir als Folge der kleinen Minir-Arbeit einzelner Persönlichkeiten vorzustellen, widersprach meiner hohen Meinung von der Bedeutung des Mannes und seines Berufes.

Wie es mir stets ein ernster Lebensberuf war, in kleinem Wirkungskreise nach den damaligen Principien zu lehren und zu arbeiten, so ist es mir jetzt — abgesehen von persönlichen Gründen — trotz der Ungunst der Zeitströmung vor Allem Ernst, daran zu erinnern, dass man in der ruhmvollsten Ära unserer Wissenschaft nach anderen, als den heute bevorzugten Methoden Pathologie getrieben hat.

Wer dem Ende seiner Arbeit nahe ist, soll die kurze Spanne Zeit so anwenden, als gelte es, auf eine jüngere, der Wahrheit zugängliche, selbständig prüfende Generation, was er als das Beste anerkannt hat, zu übertragen. So denkend liess ich Gegner Gegner sein, hoffte auf Leser, denen Graefe aus seinen Werken nicht kleiner hervorgehen werde, als er mir nach leider nur seltenem, persönlichen, aber um so intimerem, brieflichen Umgange erschienen war, und schrieb. —

Die letzte Abhandlung war beendet, als mir in „Nagel's Jahresbericht" für 1885 ein von Prof. Michel verfasstes Referat zuging, durch welches in wenigen Worten die Consequenzen des Abfalles von den Principien unserer glänzendsten Periode so deutlich illustrirt werden, dass mir ein besserer Beweis für die Wichtigkeit der ganzen Frage kaum denkbar scheint. Ich will ihn den folgenden, wissenschaftlichen Untersuchungen vorauschicken, würde auch das ganze Referat als warnendes Beispiel niedriger gehängt haben, wenn der Raum einer Vorrede es gestattete. So bin ich leider genöthigt, auf das Original (p. 257, 258) zu verweisen.

Wer in wissenschaftlichen Dingen streng gegen sich selbst ist, ist es im praktischen Berufe nicht minder: als Referent kennt er seine Pflicht gegen den Leser, über den wesentlichen Inhalt der Literatur objectiv zu berichten, als Kritiker, sein Urtheil über wissenschaftliche Arbeiten objectiv, sachlich zu motiviren. Hätte der Referent eine monographische Bearbeitung des „Zusammenhanges zwischen Augen- und allgemeinen Krankheiten" als Leitfaden zur schnellen Orientirung für die Praxis aus der Feder eines langjährigen Examinators, der die Bedürfnisse der Examinanden kennt, vor sich gehabt, hätte er dann von der unentbehrlichen Einleitung Nichts zu sagen gewusst, als „dass sie nur Bekanntes bringt", von dem Inhalte des Buches Nichts zu geben, als die abgeschriebenen Titel der elf oder zwölf Capitel, so würde man vor 30 Jahren gesagt haben, er sei seiner Aufgabe nicht gewachsen oder missbrauche das in seine Objectivität gesetzte Vertrauen. Hätte er obendrein ein kurzes Nachwort hinzugefügt, um „im Interesse der Sache sein Befremden darüber auszudrücken, dass der Verfasser der 1885 erschienenen Monographie von den zahlreichen, in seinem (des Referenten) 1884 publicirten Lehrbuche niedergelegten Beobachtungen nicht die geringste Notiz genommen habe", so würde man damals zunächst bedauert haben, dass dem Vorstellungsvermögen eines relativ jungen Collegen der ungeheuerliche und doch so nahe liegende, der Wirklichkeit entsprechende Gedanke ganz und gar abhanden gekommen sei, „ein mit einer umfangreichen, 1885 erschienenen Monographie beschäftigter Kliniker könne aus Mangel an Zeit, verbunden mit traurigen Erfahrungen über den Werth mancher Lehrbücher, von dem Erstlings-Versuche des Referenten keine Notiz genommen haben", — dann aber würde man gefragt haben, mit welchem Rechte solche Versuche, ehe sie einer strengen Kritik Stand gehalten, in empirischen Fragen Berücksichtigung verlangen, und ob ein langes, praktischen und theoretisch-wissenschaftlichen Studien gewidmetes Leben nicht mehr vor der Zumuthung schütze, beliebigen, neuen Lehrbüchern zu entlehnen, was deren Verfasser aus ungenannten Quellen zusammengetragen haben.

Füge ich hinzu, dass jeder Satz des kurzen Nachwortes den Anschauungen der damaligen Zeit ebenso krass widerspricht, als dieser erste,
so wird der Leser mir Recht geben, den Grund nicht in individuellen
Meinungsverschiedenheiten, sondern in der ganzen Tendenz der Zeiten
zu suchen. Ich glaube, ihn in wenigen Worten zusammenfassen zu können:
Graefe's Intention war, eine wissenschaftliche Pathologie zu begründen
und den Sieg der Wissenschaft über den willkürlichen, persönlichen Specialismus zu befestigen, — die Gegenwart läuft Gefahr, unter verschiedenen, mit wissenschaftlichen Emblemen geschmückten Fähnlein unbewusst
allmählich zum Specialismus zurückzukehren.

Ein äusserliches Kriterium der entgegengesetzten Bestrebungen finde
ich darin, wie viel Werth in der Literatur auf Verbreitung wissenschaftlicher Wahrheiten, wie viel auf Anerkennung persönlicher Verdienste gelegt wird.· Noch vor Kurzem las ich bei der epochemachenden Thatsache, dass Atropin auch in Salbenform gegeben werden kann, die Namen
von zwei „Entdeckern" in Parenthese, die Zahl der wissenschaftlichen
Heroen für Parenthesen wächst zusehends, erfahrene Leser brauchen nur
die Autoren zu kennen, um vorher zu sagen, welche Grössen in Parenthesen prangen, welche Mittelmässigkeiten fehlen werden. In Harmonie
mit der Anerkennung verwandter Geister steht die Verbreitung wissenschaftlicher Wahrheiten, eine neben der anderen, selbst wenn sie einander
widersprechen, kein Für, kein Wider, jede gleichberechtigt, verschieden nur
durch den Namen der Väter, selbstverständlich mit Ausnahme derjenigen, die
als Verirrungen unverbesserlicher Gegner angeführt zu werden nicht verdienen.

Gewiss giebt es Ausnahmen von dieser Regel, zum kleinen Theile
principielle, zum grösseren Übergangsformen. Das entgegengesetzte Princip
findet der Leser im Archiv; es charakterisirt die damalige Zeit. Eine
neue Wissenschaft sollte erstehen, — wer zuerst eine neue Wahrheit
gefunden, danach wurde nicht viel gefragt, wenn sie sich nur bewährte, —
wenige, hoch hervorragende Geister konnten häufiger Erwähnung nicht
entgehen, im Ganzen verschwanden die Namen, um wissenschaftlichen
Fragen Platz zu machen, — Erweiterung wissenschaftlicher Erkenntniss,
gleichviel aus welcher Quelle, war die Parole der damaligen Ophthalmologen,
die es ehrlich mit der Sache meinten, und sie bildeten eine grosse Majorität.

Wer Jahre hinter sich hat, in denen die Wissenschaft sein aus-schliesslicher, einziger Lebenszweck war, der weiss, wie leicht gerade in diesem Punkte Selbsttäuschungen vorkommen können, wie leicht ein stark entwickeltes Selbstvertrauen verleitet, als Interesse der Wissenschaft anzusehen, was im Interesse persönlicher Anschauungen liegt, persönliches Interesse für sachliches zu halten. Michel's Beispiel lehrt, wie grosser Vorsicht es bedarf, durch solche Verwechslungen nicht in peinliche Situationen zu gerathen.

Als sein Schlaf vermuthlich durch Träume von seiner dereinstigen, wissenschaftlichen Bedeutung noch nicht gestört wurde, im Jahre 1854, lernte ich Graefe kennen. Auf des Letzteren Wunsch schickte ich in sein Archiv, was ich für neu hielt, Themata gab meist die tägliche Erfahrung, ich schrieb für ihn und gegen ihn, ohne ihn in Parenthese zu setzen. So hatten es mich seine Arbeiten gelehrt, die alle zusammen nicht so viel Namen citiren, wie manches neue Lehrbuch auf 10 Seiten. Bei kurzen Zusammenkünften und in einem bis zur letzten Stunde unterhaltenen Briefwechsel hatte er, wie es schien, keine Veranlassung gefunden, mich an „sachliche Interessen" zu erinnern. Er mag mir davon genug zugetraut haben; denn zum ersten Male schrieb er in sicherem Vorgefühle des Todes, das ihn nicht mehr verliess, drei Monate vor seinem Ende mit eigener, damals schon zitternder Hand in einem an mich gerichteten Briefe vom 15. April 1870 folgende Worte:

„der Grund davon liegt einfach darin, dass ich Ihnen unter allen wirkenden Ophthalmologen die intensivste, ungetrübteste Liebe zur Lehre der Ophthalmologie zutraue."

Und heute belehrt mich Michel „im Interesse der Sache", dass ich von seinem neu erschienenen Lehrbuche hätte Notiz nehmen müssen!! Ich kann versichern, dass ich seit 1870 nicht müde geworden bin, und darüber, was im Interesse der Sache geschehen musste und heute noch geschehen muss, praktische Erfahrung besitze. Ein Wenig davon findet der Leser in den folgenden Abhandlungen.

Inhalt.

I.

Die Ophthalmopathologie der Gegenwart und Graefe's Intentionen.

In der Zeit der höchsten patriotischen Begeisterung, als jedes persönliche Interesse schwieg, weil die nächste Zukunft über das Schicksal des Vaterlandes, über Leben oder Tod vieler Tausende entscheiden sollte, hatte die berliner Bevölkerung einen der Wenigen verloren, die, aus ihr hervorgegangen, als Wohlthäter der Menschheit von allen Nationen gleich verehrt wurden, dessen sich jeder Berliner Fremden gegenüber rühmte, als habe er auch sein Theil zu seiner Grösse beigetragen.

So wunderlich dieser Stolz auch manchem erscheinen mag, es liegt ihm doch ein schöner Charakterzug, Dankbarkeit und Verständniss für echt menschliche Grösse, zu Grunde; das Volk ist stolz auf seine Besten, versetzt sie nach dem Tode unter die frei gewählten Halbgötter, an deren Cultus es sich erhebt, und befestigt durch Tradition die Erinnerung an schöne Handlungen, deren Augenzeugen die Ältesten waren, deren lebendige Bilder sich mit allen Einzelheiten von den Vätern auf die Söhne fortpflanzen.

Als nach den grossen Siegen die persönlichen Interessen der Einzelnen wieder ihr Recht forderten, als so mancher für immer entrissen sah, was bis dahin der ganze Stolz und die Freude seines Lebens gewesen, da empfand die ganze Bevölkerung, dass sie während der ersten Kriegsunruhen einen unersetzlichen Verlust erlitten, die Unglücklichen, deren Augenlicht bedroht war, dass der Einzige fehlte, dem Alle vertraut hatten, und, wie es nicht anders sein konnte, weckte die schmerzliche Gegenwart die Erinnerung an vergangene, bessere Zeiten, an Züge aus dem Leben des Verstorbenen.

Was treue Freunde und Schüler in ihrem ersten Schmerze öffentlich geäussert hatten, waren subjektive Empfindungen, aus denen sich ein Lebensbild nicht schaffen liess, — was Collegen in ophthalmologischen Zeitungen an Nekrologen, bei festlichen Gelegenheiten an Reden geliefert hatten, zeigte nur, dass sie Graefe gesehen und gehört, aber — nicht

begriffen hatten; denn den Schlüssel zu Graefe's beispiellos schnell über
Europa hinaus sich verbreitendem Rufe, zu dem Enthusiasmus seiner
Schüler, zu dem unbedingten Vertrauen der Kranken hatte keiner
gefunden.

Noch hatte Donders nicht die Individualität seines grossen Freundes
mit verständnissvollem Blick für die Eigenart seines Genies auf der
heidelberger Versammlung in begeisterter Rede geschildert und weite
Kreise mit den wesentlichsten Zügen eines nicht allein wegen seiner
Thaten, sondern mehr noch wegen der sittlichen Motive, die sein ganzes
Leben bestimmten, bewundernswerthen Mannes bekannt gemacht, — als
die Bevölkerung, von seichten Festrednern wenig befriedigt, in ihrer
Ungeduld Fragmente zu einer Lebensgeschichte ihres Lieblings auf eigne
Hand componirte, als der Mythos sich eines grossen Geistes bemächtigte,
um ihn als Gespenst für kurze Zeit dem Grabe entfliehen und unter
seinen Freunden erscheinen zu lassen.

Bald nach Enthüllung des Monumentes behaupteten die Leute, von
Ohrenzeugen gehört zu haben, es sei an jenem Festtage in der Nähe von
Graefe's Grabe nicht mit rechten Dingen zugegangen, schon in früher
Morgenstunde habe man unterirdische Bewegungen gefürchtet, dann sei
es zwar eine Weile ruhig geworden, aber sehr bald habe man lang hin-
gezogene Laute, deutliche Athemzüge vernommen, langes, krampfhaftes
Gähnen sei gefolgt, und erst allmählich die alte Grabesstille wiedergekehrt.
Plötzlich, so berichten sie weiter, in der Abenddämmerung habe das
Grab sich, ohne dass eine Gestalt sichtbar wurde, von selbst geöffnet,
einige Beherzte, von Neugier getrieben, seien an die Gruft heran-
geschlichen, aber fast sprachlos vor Erstaunen zurückgekehrt; denn der
Sarg, der Graefe's Gebeine barg, sei geöffnet und leer gewesen. Nun
habe man die Wächter alarmirt, um verspottet nach Hause geschickt
zu werden; als der grosse Menschenhaufe, mit Fackeln und Stöcken be-
waffnet, sich dem verdächtigen Orte genähert, sei das Grab wie immer
geschlossen, keine Spur des Geschehenen mehr zu entdecken gewesen.

Verständige Leute lachen selbstverständlich über Gespenstergeschichten,
die Mehrzahl aber ist abergläubisch, verlangt, wie für Erdbeben, schwere
Gewitter und andere Naturwunder, Gründe auf der Erde. Es ist ihr
nur halb geglückt. Was sie für Gähnen gehalten hat, fällt in die Zeit
der in mehreren Zeitungen abgedruckten, sogar separat im Buchhandel
erschienenen, also zweifellos höchst werthvollen Festrede, die von deutschen,
wie von auswärtigen Ophthalmologen mit Staunen vernommen wurde.
Dieser Versuch, einen Zusammenhang zwischen überirdischen Ereignissen
und der Geisterwelt herzustellen, wäre also gescheitert.

Von dem Abend-Spuk aber behaupten sie steif und fest, der Geist sei durch die lange vermisste Stimme eines aufrichtigen Freundes an die Oberwelt gelockt worden. Es kommt ihnen zu statten, was nicht bestritten werden kann, dass gerade um die Zeit der Vision ein alter Schüler und treuer Verehrer Graefe's, Eduard Meyer aus Paris, in begeisterten, einem warm empfindenden Herzen entströmenden Worten den Geist des Lehrers Graefe vor Ophthalmologen und Nicht-Ophthalmologen, die sich zu einem Festmahle versammelt hatten, so lebendig und in jedem Zuge unserem unvergesslichen Führer so frappant ähnlich erscheinen liess, dass wir hätten glauben können, er weile unter uns, dem Grabe entflohen, um die Begeisterung für den schönen Beruf, dem er sein Leben gewidmet, nicht erkalten zu lassen. —

Ein Kern Wahrheit pflegt in den Sagen, mit denen die Phantasie des Volkes ihre Lieblinge umgiebt, enthalten zu sein. Auch diesmal hat sie in Graefe's treuer, den Kerker des Grabes überwindender Freundschaft für Alle, die gleich ihm in selbstloser Pflege und Förderung der Ophthalmologie („das Ding, dem ich meine flüchtige Existenz gewidmet habe", wie es in einem seiner letzten Briefe heisst) ihren Lebensberuf erkannten, eine Eigenthümlichkeit seines Wesens verherrlicht, deren Sinn zu begreifen den Festrednern und Verfertigern von Nekrologen ebenso wenig gelungen ist, als Kriterien menschlicher Grösse in einem Leben zu entdecken, dessen harmonische Schönheit allerdings von einem anderen Standpunkte, als dem des ophthalmologischen Specialisten, betrachtet sein will.

Bei der Unterlassungssünde derjenigen, die sich für berufen und befähigt gehalten haben, als Zeitgenossen dem Historiker Material zu einem Lebensbilde, das den Besseren ein ideales Vorbild war und bleiben wird, zu liefern, während ihre kleinen Philisterseelen von dem Unterschiede zwischen der sich nie genügenden Ruhelosigkeit des Genies und dem selbstgefälligen Behagen des gut placirten Famulus keine Ahnung haben, mag ich nicht verweilen, — aber die Vertreter einer modernen Richtung, die sich breit macht, weil man sie gewähren lässt, darf ich nicht ignoriren, so ungern ich mich mit ihnen befasse. Es sind die Propheten des „nil admirari", die von Allem genau wissen, „wie's gemacht wird", die aus reichen Eltern, kostspieligem Privatunterrichte, häuslichem Verkehr mit grossen Gelehrten, aus guten Connexionen mit Universitäts-Professoren und günstigen, äusseren Constellationen, wie sie sich um die Mitte des Jahrhunderts in der neu geschaffenen Anatomie und Physiologie des Auges und der Erfindung des Ophthalmoskops darboten, das Genie mit seinem unwiderstehlichen Einflusse auf die Menschen mit einer gewissen naturgeschichtlichen Nothwendigkeit entstehen lassen. Sie sollten

auf Schritt und Tritt bekämpft werden; denn sie rauben der jüngeren
Generation den Glauben an das Höchste, von äusseren Verhältnissen
Unabhängige im Menschen, verspotten den schönsten Vorzug der Jugend,
die Begeisterung für ideale Vorbilder, das selbstlose Bestreben, ihnen
nachzueifern, und erzeugen ein ruheloses, egoistisches Jagen nach äusseren
Dingen, die jene gross gemacht haben sollen, in Wirklichkeit aber als
winziger Lohn für ein aufopferungsvolles, den höchsten Zielen gewidmetes
Leben ihnen zu Theil geworden sind. Man hält es für ein sicheres Zeichen
unaufhaltsamen Verfalles, wenn Nationen das Andenken ihrer geistigen
Heroen nicht in Ehren halten.   Sollte es nicht geboten sein, wenn Bestrebungen, die Wenigen, denen Menschheit und Wissenschaft zu ewigem
Danke verpflichtet sind, herabzuziehen, sich an die Oberfläche wagen,
den eigennützigen Verächtern unserer Ideale bei Zeiten ihr unsauberes
Handwerk zu legen?

Es ist, so viel ich mich erinnere, denjenigen, die mit Vorliebe bei
Graefe's günstiger, äusserer Lebenslage verweilen, wenig aufgefallen, dass
der Sohn des mit erblichem Adel, Titeln und Orden geschmückten, könig-
lichen Leibarztes, des unter den Spitzen der Geistes-Aristokratie hervorragenden Professors und Schriftstellers, das früh seiner Fähigkeiten
wegen bewunderte Mitglied einer Familie, deren Verbindungen so manchem
talentvollen Jünglinge willkommene Hilfsmittel zu dem Ziele eines mühe-
losen, genussreichen Lebens in eximirter Stellung gewesen wären, sich
mit dem bescheidenen Namen und Berufe eines „Specialisten für Augenheilkunde" begnügte, gleichgiltig, wie kein Zweiter, gegen äussere Ehren
und Auszeichnungen, in der Thätigkeit des praktischen Arztes und Lehrers
für einen kleinen Kreis von Fachgenossen volle Befriedigung fand und
bis zum Tode seinem frei gewählten Lebenszweck, Mitmenschen das bedrohte Augenlicht zu erhalten, das verlorene wieder zu geben, der Nach-
welt vollkommenere Waffen gegen die schlimmsten Feinde des Sehorganes
zu hinterlassen, in aufreibender Arbeit mit beispielloser Treue unablässig
verfolgte.   Man wird vergeblich unter Armen und Reichen einen zweiten
Augenarzt suchen, der bei so regem Interesse, so grosser Genussfähigkeit
für die Schönheiten der Natur, für das Höchste in Kunst und Wissenschaft all sein Denken und Handeln, gleich ihm, ausschliesslich auf seinen
Beruf concentrirt hätte, im Kleinen als stets bereiter, unermüdlicher
Helfer jedes Nothleidenden, im Grossen als begeisterter und begeisternder
Lehrer, der nicht genug Schüler finden konnte, um an allen Früchten,
die er durch scharfe Beobachtung, wissenschaftliche Überlegung und
geniale Inspiration gewonnen hatte, die weitesten Kreise theilnehmen zu
lassen.

Das ist der Schlüssel zu den räthselhaften Lehrerfolgen, an deren Erklärung die Weisheit Vieler, die ihn oft gesehen und gehört, aber nie begriffen haben, gescheitert ist. Die Kranken empfanden bald, dass es keinen Zweiten gab, dessen Leben ihrem Wohl und Weh so ausschliesslich gewidmet war, — uns Schülern wurde es in der ersten Stunde klar, dass für die Examina in Graefe's Vorlesungen nichts zu holen war, dass seine hinreissende, natürliche Beredtsamkeit uns für eine Mission vorbereitete, in der jeder an seiner Stelle seine Schuldigkeit zu thun, als Theil eines Ganzen zu wirken hätte, mit dessen Seele er in intimer Verbindung blieb, so lange er seinen Beruf nicht verleugnete. Darauf bezieht sich der Mythos: der Geist des Verstorbenen, der die ausschliessliche Arbeit seines Lebens mit sorgenvollem Blicke in die Zukunft verlassen musste, folgt in einer selbstlosen Bestrebungen abgeneigten Zeit der wohlbekannten Freundesstimme und verlässt die Ruhe des Grabes, um Wenige, mit denen gemeinschaftliches Streben ihn über's Grab hinaus in ewiger Freundschaft verbunden hat, wieder zu sehen und durch sein persönliches Erscheinen zu unverzagter Arbeit, an der er nur noch indirekt durch seine Werke und sein Erinnerungsbild mitwirken kann, zu ermuthigen. Wie der Anblick eines jeden der versammelten Festgenossen auf ihn gewirkt haben mag, darüber schweigt die Sage. —

Man dürfte kaum irren, wenn man die eigenthümliche Wirkung, die Graefe als Lehrer absichtslos auf seine Schüler ausübte, für eine dem Zwecke des Universitäts-Unterrichtes fernliegende hält. In der That war auch sein Vortrag keineswegs das Resultat gereifter Überlegungen über die zweckmässigste Form wissenschaftlicher Erziehung, sondern der unmittelbare Ausdruck seiner ärztlichen Individualität, der die Wissenschaft Mittel zum Zweck war. Mit allen Mitteln der Wissenschaft sollte Unglücklichen weit über die Grenzen seines Wirkungskreises hinaus geholfen werden, die Augenzeugen seiner Thätigkeit und Erfolge sollten seine Stellvertreter sein, die Früchte seiner Arbeit den Menschen nach seinem Tode nicht verloren gehen. Dieser Zweck gab seinem Unterrichte etwas Eigenartiges, von allen Beschränktheiten der Person, Schule, Nationalität Freies, über kleinliches, rechthaberisches Gezänke hoch Erhabenes, das sich unwillkürlich seinen Zuhörern, welcher Nationalität sie auch sein mochten, mittheilte. Die „Schulen", die „nationalen" Augenheilkunden hörten auf. Man hatte Wichtigeres zu thun, als sich über „Dyscrasien, constitutionelle Ophthalmien" etc. zu streiten, die Wissenschaft barg Schätze genug, deren Verwerthung für den ärztlichen Beruf sich nicht annähernd übersehen liess. Vorläufig galt es, diese Schätze zu heben. Eine wissenschaftliche Pathologie als Mittel zum höchsten Zwecke neu zu schaffen, das und nichts Geringeres war die Aufgabe, die Graefe sich und seinen Schülern stellte. In diesem Sinne bezeichnet sein Unterricht und seine schriftstellerische Thätigkeit, die er nur als eine Erweiterung des ersteren betrachtete, eine neue Aera in der Ophthalmologie.

Dass wir von der Lösung dieser Aufgabe noch weit entfernt sind, dass in unserer Krankheitslehre noch ein buntes Gemenge willkürlicher, subjektiver Behauptungen, einander widersprechender Beobachtungen, logischer Monstrositäten, specialistischer Reclamen und auf der anderen Seite vollendeter, allen Ansprüchen einer exakten Wissenschaft genügender Lehren friedlich neben einander besteht, scheint nicht genug Beachtung gefunden zu haben. Noch weniger scheint man daran zu denken, dass der auf „praktische Erfolge" pochende Specialismus sich eine gewisse Altersberechtigung, aller Gesetze logischen Denkens zu spotten, erworben hat, und dass empirische Probleme in exakten Wissenschaften nach gewissen Methoden nie gelöst werden können, dass also unsere Pathologie in ihrem jetzigen Zustande weder eine Wissenschaft zu nennen ist, noch dass man sich entschlossen hat, dem unwissenschaftlichen Getreibe klinischer Praktiker und praktischer Kliniker in der Literatur ein Ende zu machen. Noch stehen wir vor der Aufgabe, an deren Lösung Graefe vor 33 Jahren seine ganze Kraft setzen wollte, und sind, wie es scheint, keineswegs sicher davor, in das bequeme Fahrwasser eines routinirten Spezialismus, der uns von den exakten Wissenschaften weit abführen würde, sorglos zurück zu steuern. —

Wer sich der ersten fünfziger Jahre noch erinnert, weiss, in welch eigenthümlicher Lage die Ophthalmologie sich damals befand: die anatomischen und physiologischen Reformen waren in lebhaftem Fortschreiten, der Augenspiegel war erfunden, von der alten Pathologie liess sich nur Einiges aus der Operationslehre in seinem damaligen Zustande verwerthen, alles Übrige war nicht etwa nur durch neue Erfahrungen zu vervollständigen oder aus einer nicht mehr zeitgemässen Ausdrucksweise in eine den neuen Vorstellungen entsprechende zu übersetzen, sondern als ungenau beobachtet oder unrichtigen, anatomischen und physiologischen Ansichten gemäss falsch gedeutet zu verwerfen. Mit neuen Hilfsmitteln genau beobachten, das Beobachtete durchforschen und so den ersten Grund zu einer wissenschaftlichen Pathologie legen, das war die gewaltige Aufgabe, an der seine Kraft zu messen einen besonderen Reiz für Graefe gehabt haben mag. Die Worte, die

mich im Frühjahr 1854 bestimmten, eine Studienreise nach Wien aufzugeben und in Berlin zu bleiben, bekamen für mich bald einen nicht
misszuverstehenden Sinn, sie lauteten: „Machen Sie meine klinischen
Visiten mit! Abbrechen können Sie, wann Sie wollen, aber Sie werden
wohl aushalten; denn ich glaube, wir sind auf gutem Wege." Es
galt, eine neue Wissenschaft zu begründen, ein Gedanke, dessen Kühnheit
Specialisten, die vor Allem glücklicher, als ihre Nachbaren, zu curiren
bestrebt sind, kaum begreifen werden.

Als ich im September 1854 Berlin verliess und zu meiner grossen
Überraschung aufgefordert wurde, an dem Archiv, dessen erste Lieferung
in wenigen Monaten erscheinen werde, mitzuarbeiten, sprach Graefe sich
über seinen Plan bestimmter aus: „wir müssen dafür sorgen, dass
das Klinische nicht zu kurz kommt. Natürlich wird jede tüchtige,
theoretische Arbeit aufgenommen werden, aber das sind nur Mittel.
Unser Zweck ist das Pathologische und muss es bleiben." Es
war die Sprache des praktischen, um die Wissenschaft verdienten Arztes.
Noch präciser in seinem Sinne hätte sie lauten können: „unsere Aufgabe
ist, zu helfen. Die wissenschaftliche Pathologie ist das einzige Mittel,
unser Ziel zu erreichen, wenn wir nicht dem blinden Zufall vertrauen
wollen." Die reinen Theoretiker bitte ich, deshalb nicht zu klein von
Graefe zu denken. Der Fähigkeit des genialen Arztes, am Krankenbette
das Richtige zu finden, wo noch keine Brücke von der Krankheit zur
Therapie führt, hat Helmholtz öffentlich seine Bewunderung gezollt, als
er sie mit der Inspiration des schaffenden Genies in der Kunst verglich.
Graefe's wissenschaftliche Bildung war nicht ein von der Studienzeit mit-
gebrachtes Capital mit progressiv abnehmender Rente, sondern ein dem
Arterienblute ähnlicher, lebhaft circulirender, auf allen Gebieten der
Medicin sich ununterbrochen regenerirender Quell seines ärztlichen
Handelns. Er unterschätzte den Werth der reinen Wissenschaft nicht,
weil er ihre Anwendung zum Wohle der Menschheit zu seinem Lebens-
berufe gemacht hatte.

Wie er sich den Weg, zu einer wissenschaftlichen Pathologie zu
gelangen, gedacht hat, zeigen schon die ersten Bände des Archivs mit
den Abhandlungen über „Blennorrhoe und Diphtheritis", über „Iritis und
Iridocyclitis", über „Anomalien des Gesichtsfeldes bei amblyopischen
Affectionen", über „Glaucom" und daneben die zahlreichen, in ihrem
kleinen Genre vollkommenen „casuistischen Mittheilungen". Die Grundlage aller dieser Arbeiten ist das genau beobachtete Bild der
Krankheit und des Krankheitsverlaufes. Nichts wird als bekannt,
als durch die Diagnose gegeben vorausgesetzt, der Symptomcomplex

ist das Fundament, auf dem die Pathologie ruht, von der jede pathologische Untersuchung ausgehen muss.

Es galt demnach, vorläufig möglichst viele, nach vollkommeneren Methoden untersuchte Krankheitsbilder, Krankheitsverläufe und, soweit es sich thun liess, Sectionsbefunde zusammen zu tragen. Auch über diesen ersten Schritt hat er sich wiederholentlich mündlich und brieflich geäussert und namentlich bei der Gründung des Archivs betont, dass alles rein Kritische suspendirt werden müsse, bis ein breites Beobachtungs-Fundament vorhanden sei. Damals, im Jahre 1854/55, war das Archiv unsere erste ophthalmologische Zeitschrift, der bald Zehender's „klinische Monatsblätter" folgten, — für die Fülle des Stoffes zu wenig Raum, um der Kritik das ihr gebührende Feld abzutreten.

Wie den ersten rein klinischen Arbeiten immer neue folgten, darüber kann der Leser sich aus dem Archiv und den Monatsblättern leicht orientiren. Ich nenne seine bald aufgegebenen klinischen Diagnosen mit Sectionsberichten von Schweigger, die Besprechungen wichtiger Cerebral-Amblyopien, die von Engelhard in den Monatsblättern vortrefflich zusammengestellt sind, dann Leber's erste Arbeiten über Atrophia optica, wiederum seine eigenen über paralytische Diplopie im Allgemeinen, über die Paralyse des Trochlearis, über Strabismus, Schichtstaar, über lineare Extraction seniler Cataracten, die späteren Glaucom-Arbeiten, Aufsätze über therapeutische und operative Fragen, über Tumoren des Auges, über den Cysticercus im Innern des Bulbus etc. — Zeugen genug, dass die sechzehnjährige Periode seiner schriftstellerischen Thätigkeit (von älteren Mittheilungen in der „Deutschen Klinik" abgesehen) neben wenigen, abschliessenden Arbeiten in der Beschäftigung mit kleineren oder grösseren Fragmenten für das neu zu schaffende Fundament einer wissenschaftlichen Pathologie dahinging.

Inzwischen hatte sich die Zahl der Zeitschriften bedeutend vermehrt, die ophthalmologische Literatur fing an, international zu werden, sie hatte, ohne dass man der ersten Aufgabe, typische Krankheitsbilder aufzustellen, merklich näher gekommen wäre, in relativ kurzer Zeit einen nicht unerheblichen Zuwachs an Jahresberichten, Wochenschriften, Revuen etc. erhalten. Mitunter wollte es sogar scheinen, als seien die Differenzen über rein empirische Fragen, über Objekte der Beobachtung, die doch bei ernstem Interesse für die Sache leicht hätten beseitigt werden können, eher im Wachsen, als im Abnehmen.

Über diese auffallende Erscheinung haben wir schon seit den ersten sechziger Jahren viel mündlich und schriftlich verhandelt. Die Frage war, ob es rathsam sei, aus der schnell anwachsenden Literatur einer

Disciplin, die trotz so reger Theilnahme und so vortrefflicher Einzel-
leistungen im Ganzen den Charakter einer exakten Wissenschaft ver-
missen lasse, alle kritischen Bestrebungen auszuschliessen, ob es nicht
vielmehr an der Zeit sei, das grosse, von allen Seiten zusammengetragene
Material einer kritischen Controlle zu unterwerfen und sich über einen
Plan zur Lösung von Problemen, die nur durch gemeinsame Arbeit nach
genau festgestellten Methoden zu lösen seien, zu verständigen. Principiell
waren wir über die Nothwendigkeit einer streng objektiven Kritik immer
derselben Meinung, aber praktische Bedenken hielten Graefe zurück, ein
neues Element, dessen Auswüchse vorübergehend unserer Literatur nicht
zur Ehre gereichen könnten, in dieselbe einzuführen. Erst im Jahre 1868,
fast zwei Jahre vor seinem Tode, kündigte er mir plötzlich seinen festen
Entschluss an, sobald seine Gesundheit es zulassen würde, entweder sein
Archiv um eine rein kritische Lieferung jährlich zu vergrössern, oder die
Begründung eines kritischen Monatsblattes selbst in die Hand zu nehmen.
Sein Plan ist nicht realisirt worden, in den beiden letzten Lebensjahren
war seine Kraft gebrochen. Bei voller, geistiger Klarheit lebte und starb
er in dem trostlosen Bewusstsein, durch eigenes Verschulden für die Zu-
kunft Nichts geschaffen zu haben: sein Mangel an Energie trage die
Schuld, dass von Seiten der Regierung Nichts für den Universitäts-
Unterricht gethan sei, durch die Planlosigkeit seiner Führung habe man
16 Jahre lang mit tüchtigen Kräften gearbeitet, ohne auch nur das
Fundament zu einer wissenschaftlichen Pathologie, die er habe begründen
wollen, gelegt zu haben, die Schar der routinirten Specialisten, der sein
Unterricht neue Elemente zugeführt, werde die letzten wissenschaftlichen
Intentionen seiner wenigen Getreuen nicht aufkommen lassen und, da
sie keine Kritik zu fürchten habe, dreist das Feld behaupten.

Wie wenig sich auch die Hoffnungen, mit denen Graefe sein grosses
Werk angriff und förderte, realisirt haben mögen, die Jahre 1854 bis
1870 werden doch immer als eine Zeit radicaler Reformen der Ophthalmologie nicht minder wegen gewisser neuer, fruchtbarer Ideen, als wegen
der Schnelligkeit, mit der auf den verschiedenen Gebieten die Entdeckungen sich folgten, bewundert werden. Wie die bedeutendsten
Anatomen, Physiologen, Physiker fast gleichzeitig der Form und den
Funktionen des gesunden Auges ihre Arbeitskraft gewidmet hatten, so
schlossen sich an Graefe hervorragende Praktiker und Theoretiker, die
sich in den verschiedensten Richtungen medicinischer Forschung bewährt
hatten, an, um ihr Wissen und ihre Geschicklichkeit in den Dienst der
neuen Pathologie zu stellen. Dass sie sich dem Alle weit überragenden,
klinischen Genie Graefe's unterordneten, geschah freiwillig, ohne Kämpfe,

ohne Reclame. Jeder fühlte, aus welcher Quelle die überreichen An-
regungen, die ihn an die Sache fesselten, zuflossen, und war bemüht,
zu dem Werke, an dessen gedeihlichem Wachsthume er seine Freude hatte,
sein Bestes beizusteuern. Was in jener grossen Zeit geleistet wurde, hat
nicht Einer geschaffen. Die ersten sechzehn Bände des Archivs sichern
den Vielen, die mit mehr oder weniger Talent, aber fast ausnahmslos
mit gleichem Ernste und gleichem Eifer für die Sache in selbstloser
Arbeit der Reform der Ophthalmologie sich hingaben, ein ehrenvolles
Andenken.

Wenn ich die gesammten Arbeiten der ersten 16 Jahre nachträglich
überschaue, so scheint es mir, als habe die pathologische Forschung
sich hauptsächlich in drei Richtungen nach einem gemeinschaftlichen
Ziele bewegt.

Der in der Pathologie als ein Unicum dastehende, von Donders
eingeschlagene Weg, derselbe, der uns Helmholtz' ehrendes Zeugniss ein-
getragen hat, bedarf keiner Hypothese, keiner Bestätigung durch Erfahrung.
In verhältnissmässig kurzer Zeit entwarf ein genialer Kopf die Disposition des Ganzen und die Methoden, ein Meister der physiologischen
Beobachtung und des physiologischen Experimentes bestimmte die opti-
schen Eigenschaften der brechenden Medien, ein in exakten Wissenschaften
geschulter, logisch denkender Theoretiker bewachte die Verwerthung ge-
fundener Thatsachen, damit kein Schritt vorwärts auf unsicheren Boden
falle, — und da alle drei Fähigkeiten sich in Donders' Person vereint
fanden, schuf ein Meister in kürzester Zeit das Fundament unserer
jetzigen Untersuchungslehre und zugleich ein abgeschlossenes, in sich
vollendetes Stück Pathologie.

Der Leser weiss, dass die Refractionszustände, ihre numerische Bestimmung, ihr Einfluss auf die Function, ihre optische Correction und
die Anomalien der Accommodation aus den physikalischen Gesetzen der
„Brechung des Lichtes durch sphärische Linsen" und aus der physiologischen „Theorie des Accommodations-Mechanismus" (Muskelcontraction
mit Einfluss auf die Linsenkrümmung) unmittelbar und in solcher Voll-
ständigkeit deducirt sind, dass der Empirie nichts mehr übrig bleibt, als
zu ermitteln, welche von den möglichen Anomalien in Wirklichkeit
vorkommen. Dass die durch Erfahrung nachgewiesenen sich in die von
Donders ihnen vorgeschriebenen Gesetze einfügen müssen, beruht auf der
Unfehlbarkeit der deductiven Methode.

Und doch bleibt der Erfahrung noch manches Pathologische zu
enthüllen übrig. Wie sich die Anomalien entwickeln, welches ihre Ursachen sind, ob sie fortschreiten oder stationär bleiben, wie sich die

Chorioidea, die Amotio retinae, das Glaucom zu ihnen verhält, darüber kann nur die Erfahrung Auskunft ertheilen. Grosse Reihen sorgfältiger Beobachtungen, durch Trennung des Constanten von dem Variabeln für den Zweck der Untersuchung vorbereitet, können allein das Fundament sein, von dem aus wir durch Induction zu Gesetzen der pathologischen Erscheinungen gelangen. Es ist kein Zufall, dass Donders sein Werk nicht „Pathologie", sondern „Anomalien der Refraction und Accommodation" genannt hat.

Klarer, als seine klassische Bearbeitung des umfangreichen Gebietes, kann uns kein Beispiel zeigen, dass alles durch richtige Deduction Gewonnene der empirischen Bestätigung nicht bedarf (denn nur Thoren verlangen, durch die Sinne zu controliren, was richtig gedacht ist), — die Grenzen der Induction hat John Stewart Mill in seiner inductiven Logik so scharf gezogen, dass man denken sollte, es müsse unmöglich sein, dieselben immer wieder zu überschreiten. Für jeden, der an pathologischen Arbeiten sich betheiligen will, wäre also als oberster Grundsatz zunächst festzuhalten: Alles durch fehlerfreie Deduction Gefundene bedarf keiner empirischen Bestätigung, die genaueste Übereinstimmung aber, die wir in Resultaten fehlerfreier Beobachtungen constatiren, giebt nicht die geringste Bürgschaft, dass die Fortsetzung der Reihe ihrem Anfange gleichen werde.

Schliesse deshalb niemand aus den „jährlich wechselnden, empirischen Wahrheiten" gewisser Autoren etwas anderes, als dass leichtfertig, unlogisch geschlossen und versucht worden ist, unreife Hypothesen durch ungenügende Erfahrungen in Gesetze, vage Vermuthungen in Wahrheit zu verwandeln. Unsere Pathologie ist wesentlich eine Erfahrungswissenschaft, die nicht von der Katheder herab dictirt werden kann. Ihr Reformator Graefe hat es, um seine Worte anzuführen, nicht weiter, als bis zum „dynamischen Professor" gebracht, in unserer Literatur haben die Namen Schneller, Pagenstecher, Heymann und viele andere einen besseren Klang, als der manches officiellen Vertreters der Wissenschaft. Jeder praktische Arzt, der durch einen genau beobachteten, der Wahrheit getreu mitgetheilten Krankheitsverlauf sich ein Verdienst erwerben will, leistet mehr für die Wissenschaft, als Verfasser weit verbreiteter, in „verbesserten Auflagen" erscheinender Lehrbücher, die in der Pathologie für Wahrheit ausgeben, was weder durch einwandsfreie Deduction gefunden, noch durch hinreichende Beobachtungen bestätigt ist.

Wer uns mit empirischen „Wahrheiten" beschenken will, von dem fordern wir glaubwürdig nachgewiesene Zahlen, — wer aus 50 bis 60 Beobachtungen allgemeine Schlüsse zieht, den verweisen wir auf die Schul-

bank, — wer der Deduction nur glaubt, wenn in jedem speciellen Falle
die demonstratio ad oculos geliefert wird, der zeige, ehe wir seinem
Urtheil vertrauen sollen, dass er die Frage, um die es sich handelt, begriffen hat!

Nur noch ein Mal ist es gelungen, deductiv alle möglichen Anomalien und ihre physikalischen resp. physiologischen Eigenthümlichkeiten
aufzustellen. Graefe hat es für die Symptomatologie der Muskelläh-
mungen mit besonderer Berücksichtigung der binocularen Diplopie durch-
geführt. Das Gebiet ist klein, dem von Donders bearbeiteten nicht ver-
gleichbar, das Fundament der Deduction sind die von Ruete-Donders
durch ihre bekannten Nachbildversuche gefundenen Bewegungsgesetze des
Auges, die Benutzung desselben in ihren engen Grenzen vollendet, allen
Anforderungen an eine streng theoretische Untersuchung entsprechend. —
So Manchen dürfte die Vollkommenheit der Methode bewogen haben,
sie auch auf anderen Gebieten der Pathologie zu versuchen, aber es
scheint, dass mit den beiden Fragen, deren Lösung Donders und Graefe
zu dauerndem Ruhme gereichen wird, die Zahl der geeigneten Aufgaben
erschöpft ist. —

Zwischen der deductiven Methode und denjenigen Untersuchungen,
deren Resultate nur wissenschaftlich brauchbar sind, wenn sie durch
lange Reihen von Beobachtungen, zu denen Kraft und Lebensdauer eines
Menschen nicht ausreicht, bestätigt werden, befindet sich ein grosses,
unerschöpfliches Gebiet, auf welchem mehr durch die Zuverlässigkeit, als
durch die Menge der Untersuchungen unser pathologisches Wissen schon
jetzt erheblich gefördert worden ist. Es ist das Gebiet der pathologischen Anatomie und des pathologischen Experimentes.

Ob die pathologische Anatomie jemals den Ophthalmologen geben
wird, was sie allen klinischen Disciplinen als ein wichtiges Fundament,
auf dem sie sich zu ihrer gegenwärtigen Höhe aufschwingen konnten,
gewährt hat, steht dahin. Hoffen, dass in absehbarer Zeit eine den
mikroskopisch beobachteten Krankheitsverläufen parallel laufende, zusammenhängende Reihe mikroskopischer Krankheitsvorgänge zusammengebracht,
dass auf diese Weise ein vollkommeneres Verständniss der einzelnen Symptome und des ganzen Symptomcomplexes erreicht werden wird, hiesse die
unüberwindlichen Schwierigkeiten, mit denen die pathologische Anatomie
des Auges zu kämpfen hat, unterschätzen. Um so mehr werden wir eine
Richtung der Forschung, die auch von späten Sectionen noch Nutzen zu
ziehen, pathologische Veränderungen während des Lebens unmittelbar oder
mit Hilfe der experimentellen Pathologie aufzuklären bemüht ist, schätzen
müssen. Wenn ich an das inficirte Cornealgeschwür (ulcus serpens), an

den inficirenden Thränensackeiter, an die Übertragung der sympathischen Ophthalmie durch Mikroorganismen erinnere, so weiss der Leser, dass ich die Arbeiten des göttinger Laboratoriums unter Leber's Leitung im Auge habe. Die Untersuchungen über die Blutgefässe des Auges, über die Lymphströmung, über den Einfluss des humor aqueus auf die Cornea nach Verlust des hinteren Epithels sind für unsere Auffassung der Krankheitsbilder von entscheidender Bedeutung gewesen, die Abhandlungen über die diabetischen Augenkrankheiten und über die Krankheiten des Sehnerven und der Retina sind, weit über den einseitigen Standpunkt der pathologischen Anatomie hinausgehend, streng wissenschaftliche, pathologische Leistungen, auf die jeder Fortschritt als auf eine sichere Basis wird zurückgehen können.

Dieser Richtung, als deren hervorragendsten Repräsentanten ich Leber nennen zu dürfen glaube, hat sich eine grosse Zahl ophthalmologischer Schriftsteller zugewandt. Mehr oder weniger ausschliesslich sucht sie zu ersetzen, was wir bei dem unabänderlichen Mangel an Sectionen entbehren, die anatomischen und physiologischen Grundlagen der Pathologie zu vervollständigen, im allgemeinen im Anschluss an gegebene, pathologische Objekte die anomalen Vorgänge und Produkte verstehen zu lehren, ohne deren klare Erkenntniss wir nie zu einer wissenschaftlichen Pathologie gelangen werden.

Insofern systemlos, als sie sich nicht an einen schematischen Fortgang von einer Aufgabe zur andern bindet, sondern jedes ihren Untersuchungsmethoden sich darbietende Objekt als ein methodischer Arbeit werthes Thema behandelt, hat auch diese Richtung der Forschung gezeigt, innerhalb welcher Grenzen die Aufgaben der Pathologie sich streng wissenschaftlich lösen lassen. Die Sicherheit ihrer Resultate ruht in den Händen derjenigen, die für ihre ophthalmopathologischen Studien die Fähigkeit, pathologische Produkte genau zu untersuchen, und die Gewissenhaftigkeit, nur unzweifelhaft sicher Erkanntes der Öffentlichkeit zu übergeben, mitbringen. In dieser Beziehung scheint die deutsche Schule der neueren Zeit einer Kritik kaum zu bedürfen; aber auch unter ungünstigeren Verhältnissen würde in der Natur der Aufgabe der Grund, der die Möglichkeit einer streng wissenschaftlichen Lösung ausschliesst, nicht zu suchen sein.

In einer weniger günstigen Lage befindet sich eine dritte Richtung der pathologischen Forschung, die zu allen Zeiten mit mehr oder weniger glücklichem Erfolge cultivirt worden ist. Ihr Repräsentant ist Graefe, das Ideal aller derjenigen, die in der ärztlichen Thätigkeit den Zweck und Beruf ihres Lebens, in der medicinischen Wissenschaft das einzig

wünschenswerthe Mittel zum Zweck erkannt haben. Durch diese Doppel-
stellung ist Graefe den Ärzten so viel näher gerückt, so viel sympathischer
und zugänglicher geblieben, als mancher grosse Gelehrte, dessen wissenschaftliche Leistungen die seinigen weit überragen. Er ist der Repräsentant der praktisch-klinischen Richtung in der Pathologie, von der
die Leute nicht mit Recht sagen, sie werde sich zu einer exakten Wissenschaft nie erheben, weil die Kranken nicht so lange warten können, bis
die wirksamen Heilmittel rationell gefunden und wissenschaftlich begründet sind.

Um Graefe's wissenschaftliche Bedeutung zu schätzen, braucht man
nicht sein Schüler gewesen zu sein. Schon in der ersten Lieferung des
Archivs zeigt die Abhandlung über die M. obliqui und die Trochlearis-
Paralyse ihn als Meister in der Bearbeitung einer rein theoretischen
Aufgabe; der Umfang seines medicinischen Wissens und die Fähigkeit,
dasselbe spielend für das Verständniss der Augenkrankheiten zu verwerthen, dürfte am klarsten aus seinen „casuistischen Mittheilungen" und
den in Zehender's Monatsheften vortrefflich wiedergegebenen „Vorträgen
über cerebrale Amblyopien" erkannt werden. Vielleicht ist er in seinem
Streben nach wissenschaftlichen Erklärungen, wie mich seine kleinen
Arbeiten therapeutischen Inhaltes annehmen lassen, mitunter zu weit
gegangen. Nur wenn sich im Laufe der Beobachtung dem genialen
Arzte Anhaltspunkte für eine rationelle Therapie zeigten, wurde die
streng wissenschaftliche Arbeit suspendirt, der klinisch-therapeutische
Versuch trat an ihre Stelle und wurde nicht aufgegeben, ehe für die
Heilung ein Resultat gewonnen war. Gleichviel ob eine scharf formulirte
Hypothese ihn leitete, ob er der Krankheit und Heilung verbindenden
Idee sich noch nicht klar bewusst war, ob er durch neue, der Behand-
lung parallel gehende Experimente ans Ziel gelangte, oder unmittelbar,
wie instinctiv, das Rechte sofort traf, um sich erst nachträglich mit der
Erklärung des Erfolges zu beschäftigen, — der vorsichtig fortschreitende,
exakte Forscher musste dem kühnen Therapeuten Platz machen, auf die
Beobachtung des Krankheitsbildes folgte unmittelbar die Beobachtung
der therapeutischen Wirkung.

Damit hatte er das Gebiet betreten, auf dem allgemein gültige Resultate nur durch Induction erreichbar sind. Anders, als durch sehr
zahlreiche, gleichlautende Ergebnisse genauer, nach gleichen Methoden
angestellter Beobachtungen können therapeutische Neuerungen, denen oft
nicht einmal eine scharf begrenzte Hypothese unterliegt, nicht gestützt
werden. Dass Graefe sich dessen wohl bewusst war, können alle diejenigen bezeugen, die er vor Publication der ersten, grossen Abhandlung

über Glaucom aufforderte, ihm Mittheilungen über die Heilwirkung der Iridectomie gegen Glaucoma acutum zu machen, „damit er mit möglichst grossen Zahlen vor die Öffentlichkeit treten könne", — aber es liegt zu sehr in der Natur des productiven Genies, bei dem ersten Erfolge, wie gross derselbe auch sein mag, nicht stehen zu bleiben, die Consequenzen eines durch Hypothesen erreichten glücklichen Resultates weiter zu ziehen und von einer Hypothese zur anderen fortzuschreiten, bis der Boden unter den Füssen unsicher wird. Halten es dann „verbesserte Auflagen" weit verbreiteter Lehrbücher für angemessen, den neuesten Standpunkt einzunehmen, sich „auf der Höhe der Wissenschaft" zu halten, und verbreiten sie solche Hypothesen mit derselben naiven Sicherheit, mit der sie im Allgemeinen Wahrscheinliches und Unwahrscheinliches als „feststehende Thatsachen der Beobachtung" oder „Errungenschaften der Wissenschaft" ihren Lesern zum Besten geben, so kommt es zu einer Confusion, bei der, wie die letzten Jahre gezeigt haben, nur noch über Krankheitsnamen gestritten wird, denen jeder einen anderen Sinn unterlegt.

Ein eclatantes Beispiel solcher Verwirrung habe ich bei einer anderen Gelegenheit in Graefe's Archiv eingehend genug besprochen, um mich mit einer kurzen Andeutung begnügen zu können. Es handelt sich um den klinischen Glaucom-Begriff, um die erste Grundlage jeder weiteren wissenschaftlichen Forschung: welche Symptomcomplexe sind Erscheinungen des glaucomatösen Krankheitsprocesses? Da sollte man meinen, die Frage, ob jede Rand-Excavation der Papilla optica eine Folge intraocularer Drucksteigerung sei, ob man also das Recht habe, aus ihr allein Glaucom zu diagnosticiren, gehöre zu denjenigen, die nur durch zahlreiche Erfahrungen beantwortet werden können. Man weiss, wie lange Graefe zögerte und von welchen Erwägungen er sich leiten liess, ein bestimmtes Urtheil abzugeben. Den Gegnern machte es wenig Mühe, Rand-Excavationen bei normalem und sogar bei herabgesetztem Drucke als Druck-Excavationen aufzufassen, während die Frage, ob in solchen Augen constante oder vorübergehende Drucksteigerungen beobachtet seien, offen blieb. Selbstverständlich hatten also alle Gegner der Graefe'schen Druck-Hypothese nicht die geringste Veranlassung, aus der Rand-Excavation in sonst normal erscheinenden Augen auf Glaucom zu schliessen, noch viel weniger dieser Diagnose ihr therapeutisches Verhalten zu accommodiren. Weit gefehlt! Gleichviel ob man in der Drucksteigerung „das Wesen des Glaucoms" erkennt oder nicht, ob man die Rand-Excavation für eine Folge der Drucksteigerung oder eines idiopathischen Sehnervenleidens oder wofür sonst hält, ob man eben bewiesen hat, dass die Excavation ein morbus sui generis sei, — sobald dieselbe in praxi sich zeigt,

ist jeder mit der Glaucom-Diagnose bei der Hand, und ein nachsichts-
loser Kritiker unlogischer Folgerungen verstieg sich sogar neulich zu der
scharfsinnigen Behauptung, „wie man sich auch theoretisch die Excavation entstanden denken möge, praktisch werde man dadurch keineswegs gehindert, sie für glaucomatös zu erklären." So weit haben wir
es in 30 Jahren gebracht, weil Graefe auf Grund gewisser
Combinationen ein Symptom für pathognomonisch erklärte,
von dem nur durch zahlreiche Erfahrungen bewiesen werden
kann, dass es pathognomonisch ist. Der Arzt, der Helfer in der
Noth, war der Feind des wissenschaftlichen Forschers gewesen. Die
glaucomatösen Erblindungen, die Jahrhunderte lang aller ärztlichen Kunst
gespottet hatten, ruhig beobachten, die pathologischen Veränderungen
allmählich erforschen, um dann mit Hilfe der Ätiologie zu einer rationellen
Therapie zu gelangen, widersprach zu sehr der Natur des genialen Arztes,
der all seine Kräfte, die Waffen der Wissenschaft, der Analogie und
Combination, der unwillkürlichen Divination in den Dienst seines Berufes
zu stellen gewohnt war. Die Iridectomie war gefunden, die Gewalt des
Glaucoma acutum war gebrochen, es galt, keinem glaucomatösen Auge
die Wohlthat der Operation zu versagen. Bei der Abgrenzung des
Glaucom-Begriffes gerieth der Arzt auf ein Gebiet, auf dem er ohne
Nachtheil für die Kranken seine therapeutischen Versuche fortsetzen durfte,
wissenschaftliche Glaucom-Forschungen hätten aber von der reinen
Excavation nie ausgehen sollen; denn wissenschaftlich war und ist
nicht bewiesen, dass jede Rand-Excavation auf Drucksteigerung
schliessen lässt.

Es ist eine Eigenthümlichkeit des Genies, durch eine unerklärte,
geistige Kraft zu finden, was ihm durch empirische Forschungen nicht
zugegangen sein kann, aber schliesslich spricht in den exakten Wissenschaften die Erfahrung doch das entscheidende Urtheil. Und die Erfahrung, sollte man bei einem Rückblicke auf die Jahre 1854—70 annehmen, habe die Entdeckungen des Genies regelmässig bestätigt; denn
für die Resultate, die er kaum seinem grossen Beobachtungsmateriale
entnahm, trat meist der ganze Chorus der Zeitgenossen mit so über-
raschender Genauigkeit ein, dass beispielsweise in den kleinen Verlust-
Prozentzahlen seiner neuen Staar-Operationsmethoden renommirte Beobachter bis auf die erste Decimalstelle mit ihm übereinstimmten. Wäre
er selbst nicht der schonungsloseste Kritiker seiner Irrthümer gewesen,
nicht derjenige, der einer Verbreitung seiner Irrthümer durch möglichst
frühe Berichtigungen vorbeugte, der an sich die Unsicherheit des Genies
in rein empirischen Fragen, um der Wahrheit die Ehre zu geben, aufdeckte,—

so lange er auf der Höhe des Ruhmes stand, hätte er den Beifall der
Zeitgenossen im Interesse der Wissenschaft am meisten zu fürchten
gehabt. — Für Kliniker, die durch streng wissenschaftliche Forschung
ihre Disciplin zu fördern bestrebt sind, ist die überaus seltene Combination zweier herrlicher Naturgaben, des unwiderstehlichen Triebes, Unglücklichen zu helfen, und der genialen, unmittelbar an's therapeutische
Ziel führenden Divination ein Geschenk von zweifelhaftem Werthe. Auf
der einen Seite eilen sie der Wissenschaft voran und erwerben unsterb-
lichen Ruhm als Wohlthäter der Menschheit, auf der anderen gelingt es
ihnen selten, den wissenschaftlichen Weg, der von der Lösung zur Aufgabe zurückführt, zu finden, sie verlieren sich in Hypothesen, die zu vermeiden, der Zweck ihres wissenschaftlichen Forschens war. Für Beides
lassen sich aus Graefe's Werken Beispiele genug anführen, aber sein streng
wissenschaftlicher Sinn schützte ihn davor, für Wahrheit auszugeben, was
er als Hypothese aufgestellt hatte. Fälle, in denen er unterlassen hätte,
die Motive, die ihn zu Behauptungen führten, klar zu legen, dürften zu
zählen sein. —

Wären es die therapeutischen Entdeckungen allein, an denen wir
seine pathologischen Leistungen zu messen haben, so dürften die Pathologen seinen Namen kaum unbedingt unter den ersten nennen, aber eine
solche Annahme würde eben seine grössten Eigenschaften unbeachtet
lassen, Eigenschaften, durch die er für alle Zeiten unser Vorbild geworden, deren Vernachlässigung, wie ich glaube, nach seinem Tode keine
guten Früchte getragen hat. Diejenigen, die seine Improvisationen am
Krankenbette nicht selbst erlebt haben, muss ich wiederum auf seine
casuistischen Mittheilungen und auf die Vorträge in Zehender's Monatsblättern verweisen. Sie werden aus denselben entnehmen, dass allen
wissenschaftlichen Deductionen die Beschreibung eines durch minutiöse
Schilderung aller objectiven und subjectiven Symptome ausgezeichneten
Krankheitsbildes vorherging; nicht die Diagnose der Species, sondern die
genaueste Kenntniss des vorliegenden Falles mit all seinen individuellen
Eigenthümlichkeiten war es, auf die seine Untersuchung ausging, nicht
das kleinste, objectiv Wahrnehmbare entging seinem durch tägliche, poliklinische Beobachtung geschärften Blicke, nicht die geringste, subjective
Störung, die der Kranke selbst ihrer Geringfügigkeit wegen nicht beachtet
hatte, konnte sich der Aufmerksamkeit des Arztes, der sein Ohr keiner
Klage so vieler Tausende verschlossen hatte, entziehen. Und während
sich unter den Augen des Zuhörers die functionellen Störungen, die objectiven und subjectiven Symptome häuften, dass er ihnen kaum folgen

konnte, gruppirten sich in Graefe's wunderbar schneller Combination die
charakteristischen, die primären und secundären, die zum Krankheitsprocesse gehörenden und die zufälligen Erscheinungen zu einem frappanten,
dem Leben entnommenen Krankheitsbilde, in dem wir klar erkannten,
was das Original uns nicht gezeigt hatte, den geistigen Zusammenhang
der Erscheinungen. Diese Gruppirung der Symptome vollzog sich nicht
im Anschluss und nach Analogie anderer Augenkrankheiten, sondern aus
dem ganzen Umfange der Pathologie; aus nahe liegenden, wie aus weit
entfernten Gebieten war es, als würde durch eine magnetische Kraft alles
Gleichartige nach einem Punkte hin unwiderstehlich und zwanglos angezogen. Erst wenn so der pathologische Zustand des Auges gewissermaassen aus jedem Zusammenhange mit dem Individuum, dem er angehörte,
gelöst war, suchte die anamnestische und ätiologische Forschung wieder
seine Verbindung mit dem ganzen Organismus und seinen äusseren Lebens-
bedingungen herzustellen, und eine kritische Wahl des wahrscheinlichsten
unter allen von dem scharf umgrenzten Krankheitsbilde zur grossen
Pathologie führenden Wegen liess als Endzweck der ganzen Forschung
eine dem Wesen des Krankheitsprocesses und seinen durch die Individualität des Kranken bedingten Eigenthümlichkeiten angepasste Therapie
erkennen.

Wenn ich soeben Graefe's wissenschaftliche Thätigkeit auf pathologischem Gebiete bemängelt und die scheinbar geringere Aufgabe des praktischen Klinikers als Arzt und Lehrer am Krankenbette als diejenige,
deren Lösung ihn auf der Höhe seiner Leistungen zeigt, bezeichnet habe,
so hoffe ich, man wird mir, nachdem ich mir den Titel eines „blinden
Anbeters" und von anderer Seite den eines „Gensd'armen zum Schutze
des Verstorbenen" in Ehren erworben habe, die Absicht, seine Verdienste
zu verkleinern, nicht unterschieben. Weder von seiner in meiner Vorstellung ohne ihres Gleichen fortlebenden Persönlichkeit, noch von dem
durch seine geniale Begabung zum Reformator der Augenheilkunde prä-
destinirten Begründer des Archivs ist hier die Rede, sondern einzig und
allein von der Richtung, die er wählte, um eine neue Pathologie zu
schaffen. Wie oben gezeigt wurde, war das Fundament seiner Pathologie
das bis ins Kleinste treu der Natur entnommene Bild der Krankheit und
ihres Verlaufes. Von ihm führten, wo pathologisch-anatomische Data
fehlten, Hypothesen über die den Symptomen entsprechenden, pathologischen Vorgänge zur Diagnose, diese mit Hülfe der Anamnese und Ätiologie zur Therapie. Es ist der gewöhnliche, durch die Natur der Verhältnisse gebotene, vorläufig allein berechtigte Weg, auf dem wir unter
strenger Scheidung des Hypothetischen von Bewiesenem das grosse, der

Anschauung zugängliche Material so weit vorzubereiten haben, dass der pathologische Anatom, wo der glückliche Zufall ihm geeignete Objecte zuführt, ein entscheidendes Wort mitsprechen kann. Die Richtung der Forschung geht also eigentlich nicht auf das Studium eines Krankheitsprocesses, der als eine pathologische Species aufzufassen ist, sondern auf einen concreten Fall, der zum Repräsentanten einer Gattung erhoben wird mit Recht oder Unrecht. So viel des Hypothetischen dieser Art der Forschung auch anhaftet, in der Pathologie lässt sie sich, wo Sectionen fehlen, nicht vermeiden, sie führt schliesslich zu allgemeinen Gesetzen, die leicht umgestossen werden, wenn sie den Erscheinungen nicht entsprechen, schwer und nach jahrelanger Prüfung erst durch die Erfahrung sanctionirt werden, wenn nachträgliche Beobachtungen ihren Inhalt bestätigen.

Nichts wäre irrthümlicher, als die Annahme, eine so wenig sicher fundirte Methode gehöre nicht zu denjenigen, in denen der wissenschaftliche Forscher seine Meisterschaft zeigen könne. Gerade in der Begründung von Hypothesen, in der Entwicklung ihrer Consequenzen, in der Begrenzung ihrer Berechtigung unterscheidet sich der vorsichtige, scharfe Denker von dem in allen Stellungen, vom reisenden Wunderdoktor bis zum officiellen Vertreter der Wissenschaft nicht seltenen, oberflächlichen Dilettanten, von dem Manne der Erfolge und Erfindungen, dem Befreier der fruchtbaren, zahllose „neueste Standpunkte" erzeugenden und verschlingenden Erfahrungswissenschaften von den schwerfälligen, lähmenden Fesseln einer elementaren Logik. Dass wir auf diesem ungeebneten, schlüpfrigen Boden klinischer Thätigkeit Graefe in seinen Werken, wie in seinen Vorträgen am Krankenbette, als Meister der streng wissenschaftlichen Forschung, als Ideal eines praktischen Arztes, der keinen Schritt von den Normen der medicinischen Wissenschaft abweicht, finden, ist bekannt, dass wir aber den Mann der Wissenschaft oft vergeblich suchen, wenn der Arzt, dem lockenden Ziele der Therapie entgegeneilend, sich auf unbetretene Wege hinauswagt, das durfte in einer Übersicht über die Richtung der pathologischen Forschung nicht verschwiegen werden.

Es ergiebt sich aus dem Bisherigen leicht, was die Ophthalmopathologie von der unveränderten Fortsetzung ihrer Pflege zu erwarten, was sie zu fürchten hat: die classische Unfehlbarkeit in der Lösung aller auf allgemeine, naturwissenschaftliche Principien reducirbaren Probleme sichert ihr einzig und allein Donders' Methode, für die vorläufig ein geeignetes Feld nicht mehr zu entdecken ist, — die rein klinische Forschung Graefe's kann ohne Hülfe der pathologischen Anatomie auf eine der Wahrheit entsprechende Krankheitslehre nicht rechnen, sie kann durch

2*

scharfsinnige Combinationen theilweise antecipiren, was Sectionen nachträglich bestätigen, kann sich dem letzten Ziele, der Heilung, nähern, ohne den Zusammenhang zwischen der Aufgabe und der Lösung zu begreifen, aber immer wird ihr das lückenlos zusammenhängende Bild der pathologischen Vorgänge, deren Beseitigung ihre eigentliche Aufgabe ist, fehlen, — die durch Leber hauptsächlich vertretene Forschung endlich schliesst an sich Graefe's Richtung keineswegs aus, aber nicht leicht wird sich in einem Menschen die Fähigkeit, nach beiden Seiten gleichzeitig Vollkommenes zu leisten, vereint finden. Für sich allein trägt sie weder den Erscheinungen des pathologischen Lebens genug Rechnung, noch vermag sie in absehbarer Zeit die Aufgabe zu lösen, die von der pathologischen Anatomie für alle klinischen Disciplinen mit Ausnahme der Ophthalmologie lange gelöst worden ist.

Bei all diesen Betrachtungen ist vorausgesetzt, dass jede Forschung auf dem richtigen Wege bleibt, dass ihre Resultate unanfechtbar, über allen Zweifel erhaben sind. Unter dieser gerechtfertigten Voraussetzung schloss Graefe im Jahre 1854 rein kritische Arbeiten vorläufig von den Aufgaben unseres Studiums aus; seine unübertroffene, wenn nicht unerreichte Beobachtungsgabe und das selbstlose, der jungen Wissenschaft allein gewidmete Interesse seiner Mitarbeiter war ihm eine vollkommen ausreichende Bürgschaft für die Brauchbarkeit des von allen Seiten zusammengetragenen Materials, dessen streng wissenschaftliche Verwerthung sich zu einer neuen Pathologie gestalten sollte. Dass aber bei dieser letzten Aufgabe nicht Thatsachen zu Thatsachen sich gesellen, sondern Urtheile, Schlüsse, Hypothesen um den Preis streiten, dass auf der anderen Seite rein empirische Probleme, die nur durch gemeinsame Arbeit nach gleichen Methoden zur Entscheidung gebracht werden können, den Werth der subjectiven Ansichten und der Beobachtungen eines Forschers sehr beschränken würde, darüber hatte sich Graefe eben so wenig im Zweifel befunden, als darüber, dass dann nur eine objective, wissenschaftliche Kritik vor den gröbsten Verirrungen schützen könne.

Auch für die Publicationen der im göttinger Laboratorium arbeitenden, jüngeren Kräfte konnte Leber, so lange die Leitung in seinen Händen bliebe, die Garantie übernehmen, dass die Kritik mit ihren positiven Resultaten wenig Mühe haben würde; denn der Meister der Untersuchung und des pathologischen Experimentes war durch seinen streng wissenschaftlichen Sinn und durch Liebe zur Wahrheit gegen die Versuchung, unreife Arbeiten, Resultate anfechtbarer Untersuchungen für Wahrheit auszugeben, geschützt. Die zahlreichen, selbständigen Mitarbeiter aber, die in keiner Beziehung zu Göttingen standen, gehörten fast ausnahmslos zu denjenigen, die Virchow selbst oder seine über Deutschland verbreiteten Schüler in die pathologische Anatomie eingeführt, hervorragende Lehrer der experimentellen Pathologie mit den Methoden und der Technik des pathologischen Experimentes vertraut gemacht hatten. Unter solchen Umständen konnte selbst auf diesem, subjectiven Auffassungen und Deutungen vielfach offen stehenden Gebiete die Hoffnung, es werde ein sicheres Fundament der jungen Wissenschaft ohne viel Kämpfe der Principien und Ansichten unmittelbar erstehen, mit einiger Berechtigung gehegt werden. Wie unbedingt man sich dieser nur auf zufällige, günstige Constellationen gestützten, in der Sache selbst keineswegs begründeten Hoffnung hingab, zeigt gerade diese Schule (sit venia verbo) durch ihre Indifferenz gegen Irrlehren, Ignoranz und willkürliche Scheinwissenschaft, die sich mehr und mehr breit macht, weil man ihr nicht entgegentritt. Es scheint, als rechneten die unermüdlich thätigen Forscher, denen unsere Literatur viel Gutes zu verdanken hat, darauf, dass in dem friedlichen Kampfe der Wahrheit und des Irrthums die erstere durch ihre überzeugende Macht den Sieg davon tragen müsse, während doch das tägliche Leben und die Geschichte lehrt, dass der Kampf gegen den Irrthum immer von Neuem mit aller Energie aufgenommen werden muss, um der Wahrheit zum Siege zu verhelfen. —

Dem Kenner der neueren Literatur dürfte nicht entgangen sein, dass die lebhafte Theilnahme hervorragender Männer an der ersten Pflege der jungen Wissenschaft, die dauernde, enthusiastische Thätigkeit vieler unermüdlicher Mitarbeiter, eine grosse Zahl werthvoller, zum grossen Theile in Graefe's Archiv veröffentlichter Arbeiten in einem Zeitraume von 33 Jahren nicht im Stande gewesen sind, in allgemeinen Umrissen einen Plan erkennbar zu machen, nach dem sich der Gedanke, der Graefe's Wirksamkeit ihren eigenen Charakter gab, realisiren liesse. „Ich glaube, wir sind auf gutem Wege" und „wir müssen dafür sorgen, dass das Klinische nicht zu kurz kommt. Die Pathologie ist unser Zweck, alles Andere sind nur Mittel", so lauteten, wie oben schon erwähnt, die Worte, die mir im Jahre 1854 den Schlüssel zu manch wunderbarem Zuge seines Wesens gaben. Seitdem sind drei Decennien vergangen, in denen ich mich bemüht habe, zu erkennen, wie weit wir auf dem guten Wege fortgeschritten sind, wie weit wir uns dem „Zwecke", der Heilung der Augenkrankheiten, mit allen Mitteln der Wissenschaft, genähert haben. Ich bin dabei von der Voraussetzung, die ich mit guten Gründen vertreten kann, ausgegangen, dass Graefe ein möglichst grosses Material genau beobachteter Krankheitsverläufe zum Ausgangspunkte aller weiteren wissenschaftlichen Forschungen zu sammeln und nach kurzen, vergeblichen

Versuchen, seine nächste Stütze in der pathologischen Anatomie zu finden, mit allen Mitteln seiner engen und der allgemeinen Wissenschaft, wie oben angedeutet wurde, zum Verständniss des Krankheitsprocesses, von ihm weiter auf klinischem Wege zum letzten Ziele, zur Therapie, zu gelangen dachte. Die erste Arbeit sollte allein der objectiven Beobachtung zufallen, an der späteren Verwerthung des Materials sollte jeder sich mit allen seinen Geisteskräften, unter denen die kritische nicht den untersten Platz einnehme, voll betheiligen.

Wenn ich mich jetzt daran mache, zu untersuchen, wie weit unsere gegenwärtigen Bestrebungen auf pathologischem Gebiete sich mit Graefe's Intentionen decken, so bin ich keinen Augenblick darüber im Unklaren, dass ich keinen Satz niederschreiben kann, in dem nicht Einer oder der Andere die hinterlistige Absicht, ihn unter dem Deckmantel eines sachlichen Zweckes der Öffentlichkeit zu denunciren, herausfinden wird. Sollte ich mich hierin täuschen, um so besser wäre es für die Sache, um so erfreulicher für mich. Meine Zweifel mag man damit entschuldigen, dass ich in der Discussion über ophthalmologische Dinge die Betheiligten lange Jahre hindurch immer ungewöhnlich reizbar gefunden habe, ohne mir persönlich eine Schuld beimessen zu können. Vielleicht trägt es zur Heiterkeit einiger Leser bei, wenn sie erfahren, dass ich gewisse, schriftliche Unterhandlungen über ophthalmologische Gegenstände lange aufgegeben hatte, weil man in all meinen Briefen persönliche Invectiven entdeckt hatte, als ein Freund Graefe's mit dem Auftrage, eine Verständigung über die Streitobjecte herbeizuführen, hier eintraf. Ich erklärte mich zu Allem unter der Bedingung bereit, dass der Vermittler in meinem Namen einen Brief schreiben und dessen Wirkung abwarten wolle. Die Wirkung war der Abbruch weiterer Unterhandlungen, weil das letzte Schreiben an Malice alles bis dahin Geleistete weit übertreffe.

Nach solchen nicht vereinzelt dastehenden Erfahrungen darf ich mich wohl mit der Versicherung begnügen, dass mich kein anderes Motiv bewogen, kein anderer Wunsch geleitet hat, als der, objectiv denkenden Freunden unserer Wissenschaft mitzutheilen, woraus ich schliesse, dass die Gegenwart sich von der Idee, eine wissenschaftliche Pathologie zu schaffen, mehr und mehr entfernt hat, und zugleich die Mittel, von denen für die nächste Zeit und hoffentlich für immer eine Besserung zu erwarten ist, anzudeuten.

Die beiden folgenden Abhandlungen, die mehrere Monate vor dieser geschrieben waren, veranlassten mich, in verschiedenen Lehrbüchern aus der zweiten Hälfte dieses Jahrhunderts Umschau zu halten, ob gewisse, bedenkliche Symptome, gewisse Erinnerungen an vergangene Zeiten, in denen Nichts feststand, in denen selbst die „Thatsachen der Beobachtung" als subjective Eindrücke einander widersprachen, in denen dasselbe wissenschaftliche Nomen proprium bei jedem Autor eine andere Bedeutung hatte, sich nur als Curiosa einer lange überwundenen Periode in die Gegenwart verschleppt oder in einem grösseren Theile der neuen Wissenschaft eingebürgert hätten. Ich war nicht überrascht, das Letztere bestätigt zu finden; denn lange schon war mir im Einzelnen aufgefallen, was ich jetzt im Ganzen überblickte.

Lehrbücher halte ich für eine der besten Quellen, aus denen sich auf die pathologische Richtung der Zeit schliessen lässt. Von den seltenen Ausnahmen, dass Autoren ihrer eigenen originellen Stellung zur Wissenschaft Ausdruck geben, abgesehen, spiegelt sich in der Art, wie Lehrbücher sich ihrer Aufgabe gegenüber verhalten, die Richtung der Zeit, um aus dem Munde derjenigen, die sich zur wissenschaftlichen Erziehung ihrer Zeitgenossen berufen fühlen, ihre Legitimation zu empfangen. Schon eine scheinbar äusserliche und doch principiell nicht gleichgültige Eigenthümlichkeit dieser Erziehung erregte mein ganzes Interesse, die Erscheinung nämlich, dass ein Theil der Lehrbücher nicht, wie z. B. Stellwag's „Ophthalmologie vom naturwissenschaftlichen Standpunkte", mit der Tendenz, den Standpunkt des Verfassers zu bezeichnen, sondern mit der Tendenz, gewisse Kategorien von Lesern zu befriedigen, geschrieben war. Meistens waren es „Studirende und Ärzte", um deren Belehrung es sich handelte, ein ander Mal deutete ein „kurz gefasstes Lehrbuch" oder ein solches, das nur die „elementarsten Vorkenntnisse in Physik und Mathematik voraussetzte", darauf hin, dass es für gewisse Kategorien von Medicinern nicht rathsam oder wünschenswerth sei, mehr, als das praktisch Nothwendigste, sich anzueignen.

Zu meinem Bedauern muss ich bekennen, dass diese Praxis mir einen gefährlichen Rückfall in die Vergangenheit, die auch in der Wissenschaft „Specialisten" und „praktische Ärzte" oder „Mediciner im Allgemeinen" unterschied, nur zu offenbar bezeichnet. Glücklicherweise haben die Universitäten sich dieser Richtung, nach der sie etwa ophthalmologische Elementarlehrer und Professoren für solche, die sich mit Augenheilkunde speciell beschäftigen wollen, anstellen müssten, nicht angeschlossen. An den Universitäten sind wir immer noch bemüht gewesen, von dem ganzen Inhalte unserer Wissenschaft den Schülern unser Bestes mitzutheilen, sie in alle schwebenden Fragen einen Blick thun zu lassen, unbekümmert darum, wie sie sich examinibus rite absolutis später zu wissenschaftlichen Forschungen stellen werden. Auch von Graefe, dem die unvollkommene Vorbildung mancher Zuhörer wohl bekannt war, weiss jedermann, dass er für Ophthalmologen erster, zweiter und dritter Classe nicht zu haben war, dass in seinen Augen der wissenschaftliche Unterricht seine Aufgaben sich selbst diktirte, aber nicht von den schwankenden Bedürfnissen der Schüler diktiren liess.

Den bekannten, wohlfeilen Einwand, dass in der Theorie Alles sehr schön, in der Praxis aber undurchführbar sei, dass es auf dieser unvollkommenen Welt doch nun einmal Ärzte gebe, die nur das für den praktischen Dienst des „allgemeinen Mediciners" Nothwendige lernen wollten und in Ermangelung geeigneter Lehrbücher gar nichts lernen würden, kann ich nicht gelten lassen. Als Graefe seine Lehrthätigkeit begann, beschenkte der bonnenser Privatdocent Schauenburg unsere Literatur sofort mit dem sogenannten „kleinen Schauenburg", der, wenn ich nicht irre, sieben oder acht Jahre lang jährlich in einer neuen Auflage erschien, also dem Bedürfnisse der „Studirenden und Ärzte" wohl in hohem Grade entsprach, aber nie habe ich eine so krasse Unwissenheit, nie einen so beschämenden Mangel jeder Vorstellung, um was es sich in der Ophthalmologie handle, gefunden, als bei den zahlreichen Medicinern, die das für ihren ärztlichen Beruf Nothwendige aus diesem praktischen Büchelchen gut gelernt hatten. Wenn die Probleme der Mathematik und der sogenannten theoretischen Wissenschaften über den Horizont der Studirenden nicht hinausgehen, so heisst es, dem Denkvermögen oder dem wissenschaftlichen Interesse der Mediciner kein schmeichelhaftes Zeugniss ausstellen, wenn man ihnen vorenthält, was man Ophthalmologen von Fach, Specialisten, bietet.

Nicht die Schüler sind es, die sich selbst erniedrigen, wenn sie auf der Universität für den praktischen Dienst ihrer Zeit ausgebildet sein wollen, die Lehrbücher, die das Maass des Wissenswerthen für praktische Zwecke festsetzen, verwischen durch das Princip, dem sie huldigen, den Unterschied zwischen Wissenschaft und Handwerk. Diesem Unwesen zu steuern, hatte Graefe als Aufgabe seines Lebens angesehen. Der Unterricht in Ophthalmologie sollte ein integrirender Theil des medicinischen Unterrichtes, die wissenschaftliche Bildung des Ophthalmologen ein integrirender Theil der medicinischen Bildung werden. Deshalb schmerzte ihn in den letzten Jahren Nichts tiefer, als dass unsere Universitäten den ophthalmologischen Unterricht noch als etwas Nebensächliches behandelten. Graefe verlangte für alle Ärzte gleiche Kenntnisse von der Pathologie der Lungen, des Herzens, des Auges, des Gehirns etc. und wollte die Thätigkeit der Specialisten, wie in anderen Disciplinen, auf Fälle, die besondere Erfahrung und Geschicklichkeit verlangen, eingeschränkt wissen.

Wir arbeiten nicht an der Cultur einer Wissenschaft, deren Entwicklungsgang in einer alten Literatur vorgezeichnet ist, sondern stehen vor der Aufgabe, eine neue Pathologie zu schaffen, die sich wegen der Eigenthümlichkeit des Organes, um das es sich handelt, anderen klinischen Disciplinen nicht genau anschliessen kann. Wie unsere Zeit ihre Aufgabe auffasst, davon hängt es ab, ob alle Mediciner an dem Aufbau der neuen Pathologie Theil nehmen, oder ob die Wissenschaft für die Specialisten reservirt bleiben, den Ärzten nur so viel, als ihre praktische Thätigkeit nothdürftig fordert, geboten werden soll. Von diesem Standpunkte aus, scheint mir, sind Lehrbücher für Fachmänner auf der einen, für Studirende und Ärzte auf der anderen Seite unter keinen Umständen zu billigen.

Die Selbstbeschränkung der Autoren, die sich dem Berufe, für Studirende und Ärzte zu schreiben, widmen, hat aber noch eine zweite, sehr bedenkliche Seite. Wir wissen, dass Graefe Anträge und Bitten um ein „Lehrbuch der Augenheilkunde" zurückwies, „weil er sich der Aufgabe nicht gewachsen fühle", und wissen auch, dass er es damit ernst meinte. Seine Gründe liessen sich leicht angeben. Es ist anzunehmen, dass nicht Viele im Stande sein werden zu leisten, was seine Kraft überstieg. Nun so versuche man doch zunächst, sein Bestes zu geben, und warte ab, ob es für „Studirende und Ärzte" gut genug sein wird, halte man, um sich einem geistig bedürfnisslosen Leserkreise zu accommodiren, seine Productivität nicht zurück, ehe man weiss, ob Zurückhaltung geboten ist! Ich kann mir die Oberflächlichkeit, den Mangel an wissenschaftlicher Strenge, den ich bald hier, bald dort in Lehrbüchern gefunden habe, nicht anders erklären, als daraus, dass die Verfasser gemeint haben, für praktische Ärzte sei es gut genug, für Fachmänner würden sie es schon besser machen. Eine solche Annahme wäre gefährlich und unserem heutigen Wissen durchaus nicht angemessen, sie könnte leicht dahin führen, sie hat schon dahin geführt, dass man Pathologie für Ärzte schreibt, wie man etwa am Krankenbette oder in medicinischen Gesellschaften zu Collegen, die unserer Disciplin fern stehen, spricht; die alten Specialisten würden ihre Freude daran haben, und wir müssten ihre Freude gerechtfertigt finden; denn wer bei dem heutigen Stande unserer Wissenschaft seinen Schülern noch weniger giebt, als das Beste, das er durch Erfahrung und Studium erworben, von dem ist nicht zu befürchten, dass er unsere Pathologie ihren historisch berechtigten Besitzern, den specialistischen Routiniers, entreissen wird, um sie als Wissenschaft zum Gemeingut aller Derjenigen zu machen, die in der Ophthalmologie, wie in jeder klinischen Disciplin, einen integrirenden Theil des Ganzen

erkennen. Es war kein Zufall, dass die Ophthalmologen, die bald nach
Graefe's Tode sich vereinigten, um den damaligen Stand unseres Wissens
in der Form eines Lehrbuches zum Ausdruck zu bringen, nicht Einem
die Aufgabe übertrugen, sondern sich für eine Zusammenstellung von
Monographien, deren inneren Zusammenhang zu überwachen Graefe und
Saemisch übernahmen, ohne Widerspruch entschieden. Wer eine ähnliche
Aufgabe für sich allein zu lösen unternimmt, sollte vor Allem das Maximum seiner Leistungsfähigkeit nicht dadurch beschränken, dass er sich
einen Leserkreis vorstellt, dem er unter Umständen zu viel des Guten
geben könnte.

Zwischen Graefe's Intentionen und den Leistungen der
Neuzeit besteht mithin der Unterschied, dass Graefe alle Mediciner an jedem Fortschritte der neuen Pathologie Theil
nehmen lassen wollte, um die Ophthalmologie hinter den vielen
Theilen, von deren Entwicklung die Grösse der pathologischen
Wissenschaft abhängt, nicht zurückbleiben zu lassen, während
sich in der neueren Literatur vielfach das Bestreben zeigt,
den Medicinern im Allgemeinen nur einen Theil unserer Arbeits-
früchte zuzuwenden, das Ganze für diejenigen, die sich ausschliesslich der praktischen Thätigkeit als Augenärzte hin-
geben, zu reserviren.

Es war nicht anzunehmen, dass der unerwartete, grosse Entschluss
unserer Staatsregierung, die Ophthalmologie allen klinischen Fächern
gleich zu stellen und mit allen Mitteln für den Unterricht glänzend aus-
zurüsten, in wenigen Jahren aus jedem Arzte einen Ophthalmologen
machen würde; denn das alte Vorurtheil gegen die herumziehenden Staar-
stecher, deren Andenken auch heute noch mitunter durch Zeitungsnach-
richten über Wunderthaten und Operations-Jubiläen eines „weltberühmten
Augenarztes" aufgefrischt wird, stirbt nicht von heute zu morgen aus,
und gerade die besseren Studirenden entschliessen sich schwer, an den
Ernst einer Wissenschaft, an deren Vertretern im praktischen Leben nicht
selten aliquid haeret, zu glauben. Aber es ist nicht dieser äussere Grund
allein, der unserer schönen Wissenschaft die Stelle, die sie in der allgemeinen Bildung jedes Mediciners einnehmen müsste, immer noch vorenthält. Der Unterricht im weiten Sinne des Wortes, der von den
Cathedern und durch Lehrbücher ertheilt wird, muss durchweg auf der
Höhe der Wissenschaft stehen, darf unter keinen Umständen auf „das
praktische Bedürfniss" eingeschränkt sein, wenn eine junge Generation
zu der Einsicht kommen soll, dass ophthalmologische und medicinische
Bildung sich gegenseitig bedingen, dass activ und passiv sich an den

Fortschritten unserer Wissenschaft zu beteiligen Aufgabe jedes Mediciners ist, gleichviel auf welchem Gebiete sich später seine praktische Thätigkeit vorzugsweise entfalten mag.

Dann erst wird sich in unserer ganzen wissenschaftlichen Literatur zeigen, dass die Ophthalmologie nicht nur in den Facultäten zur Medicin gehört. Man vergleiche nur in unseren guten „Zeitschriften für praktische Ärzte" oder „für die gesammte Medicin", wie sich in ihnen die Zahl der Ärzte, die ophthalmologische Themata wählen, zu denen aus anderen klinischen Disciplinen verhält! Es ist kein Zeichen einer gesunden Entwicklung, dass die Vermehrung der specialistischen Blätter in keinem Verhältniss zu der Zahl der Ärzte, die ophthalmologische Erfahrungen oder Studien der Gesammtheit ihrer Collegen mittheilen, und der Leser, die sich für solche Mittheilungen interessiren, steht. Noch stehen wir ante portas und werden sicher nicht eher Einzug halten, ehe wir selbst aufhören, zwischen einer Ophthalmologie zweiter Classe für Ärzte und einer erster Classe für Ophthalmologen zu unterscheiden. —

Dass in der Art, unsere Wissenschaft zum Allgemeingute zu machen und sie unter der Theilnahme Aller fortschreiten zu lassen, Manches verfehlt worden sein mag, scheint mir aus dem Erörterten sicher hervorzugehen. Mit der Entwicklung unserer Pathologie haben diese Fehler, die ungeschehen zu machen in unserer Hand liegt, nur in so fern zu schaffen, als uns manche Kraft zu gemeinschaftlicher Arbeit entgangen sein mag. Es dürfte an der Zeit sein, zurückzublicken, was wir selbst geleistet, wie weit wir die neue Ophthalmopathologie gebracht haben.

Wiederum will ich mich auch eingangs dieser Betrachtung dagegen verwahren, die ausgezeichneten Kräfte, die sich unserer Pathologie gewidmet, die hervorragenden Arbeiten, an denen es nie gefehlt hat, zu unterschätzen. Nur der höchste Grad von Stumpfheit für den Werth geistiger Arbeit oder eine Selbstüberschätzung, deren Maasslosigkeit von den extremsten Erscheinungen der Neuzeit noch nicht ganz erreicht worden ist, kann ohne Bewunderung den Aufschwung, den unsere junge Literatur eine Reihe von Jahren hindurch genommen, und den ernsten, wissenschaftlichen Sinn, der dem Sturm der „praktischen Leute" nach Graefe's Tode Widerstand geleistet hat, betrachten, aber man kann Schätze anhäufen, ohne sie für einen bestimmten Zweck richtig zu verwerthen, man kann, wie wir an Graefe's Beispiel gesehen haben, pathologische Meisterwerke schaffen und trotzdem die pathologische Forschung auf falsche Wege führen.

Graefe's Meisterschaft ist auf vielen Gebieten anerkannt, in keinem weniger bestritten worden, als in der Beobachtung des Kranken und in der Schilderung des Krankheitsbildes, des Krankheitsverlaufes, sein grösstes, principielles Verdienst um die Wiedergeburt unserer Pathologie besteht darin, dass er das Krankheitsbild zum Fundamente der Pathologie erhoben und an diesem Princip unbedingt festgehalten hat.

Wenn irgend eine klinische Disciplin durch ihre Natur auf dieses Fundament hingewiesen ist, so ist es die unsrige: keine verfügt über so glänzende Hülfsmittel, die Erscheinungen des pathologischen Lebens so vollkommen dem Umfange, so genau dem Wesen nach zu erkennen, bis zu mathematischer Genauigkeit dem Grade nach zu bestimmen und zu verfolgen, — keine hat so wenig Hülfe von der pathologischen Anatomie zu erwarten, so wenig Aussicht, die mit blossem Auge sichtbaren und die der Beobachtung unzugänglichen, pathologischen Veränderungen in verschiedenen Stadien der Entwicklung mikroskopisch zu beobachten, die einzelnen Erscheinungen auf ihre Substrate sicher zurück zu führen. Gilt es in der klinischen Medicin seit Jahrzehnten für selbstverständlich, dass wir — dank der pathologischen Anatomie — das Bild der pneumonischen Lunge, der typhösen Darmschleimhaut in unserer Vorstellung haben, sobald die objective Untersuchung zum Abschlusse gekommen ist, dass wir aus gewissen Symptomen mit Sicherheit auf Vorgänge im Innern schliessen, und aus beiden parallel laufenden Reihen pathologischer Erscheinungen einen Schritt weiter zum Wesen des Krankheitsprocesses thun können, so stehen wir vor manchen acuten Cornealveränderungen, die wir direct unter Lupenvergrösserung beobachten, vor ähnlichen Zuständen der sichtbaren Iris, der Retina und Chorioidea, am meisten vor denen des Corpus ciliare als Ignoranten und wissen über die Natur der Veränderungen Nichts anzugeben, als was wir auf Grund vereinzelter Sectionsbefunde oder combinirender Erwägung aller Symptome vermuthen.

Dieses einzige Mittel, von dem aus wir uns allmählich zu einem Verständniss der Krankheit und ihrer Heilung hindurcharbeiten sollen, im vollsten Maasse auszunützen, scheint mir die erste Aufgabe, wenn wir nicht in die Vergangenheit zurückfallen und eine Pathologie auf Träume und Speculationen stützen wollen.

Nach dieser Richtung ist, so viel ich sehe, wenig oder nichts geleistet, viel gesündigt worden. Wir können es uns nicht anrechnen, dass wir den Augenspiegel brauchen gelernt und Manches gesehen haben, worauf unsere Vorgänger aus Mangel an guten Instrumenten verzichten mussten, fast eben so wenig, dass wir in längeren Intervallen die gröberen Veränderungen der einmal ins Auge gefassten Anomalien constatirt haben. Und doch glaube ich, dass auf diesem Gebiete noch immer am meisten geleistet ist; denn durch die combinirte Untersuchung des ophthalmo-

skopischen Befundes und der functionellen Störung haben wir eine bessere
Einsicht, wenn auch nicht in den typischen Krankheitsverlauf, so doch
in die Diagnose verschiedener Stadien gewonnen. Es soll nicht unter-
schätzt werden, dass man durch fleissiges Beobachten dahin gelangt ist,
aus dem Gesichtsfelde und der Farbenempfindung das Fortschreiten einer
Opticus-Atrophie zu erkennen, wo uns das Ophthalmoskop Veränderungen
noch nicht constatiren lässt, aber andererseits wird man auch einräumen,
dass eine Pathologie, die das „Wie?" unerklärt lässt und aus zwei Symptomen, die meist nur in langen Intervallen Veränderungen erkennen
lassen, ein Krankheitsbild schaffen soll, von dem Höhepunkte ihrer Entwicklung noch weit entfernt ist.

Dass ich die Schwierigkeiten einer Pathologie der Hintergrundkrank-
heiten nicht unterschätze, wird sich später zeigen. Scheinbar haben wir
es auf diesem Gebiete am weitesten gebracht; denn die grössten diagno-
stischen Leistungen der Neuzeit, die Ophthalmoskopie und die Functions-
prüfung, haben es am meisten erleichtert, im Contraste gegen die tabula
rasa oder — richtiger — gegen den Urwald von Phantasien, Speculationen,
Fehlschlüssen, die das Feld der Amblyopien und Amaurosen über-
wucherten, Ruhm zu erwerben.

Die altbekannten Ophthalmien, die Conjunctivitis, Keratitis, Iritis etc.
sind es, an denen ich erkannt habe, wie wenig Interesse die Neuzeit
daran genommen hat, Krankheitsverläufe zu verfolgen und genaue Krankheitsbilder zu schaffen. Es wäre wunderbar genug, wenn die acuten
Krankheiten des Auges die einzigen sein sollten, an denen durch auf-
merksame Beobachtung nicht gesetzmässige, typische Erscheinungen wahr-
genommen, Symptome von Wichtigkeit für die Prognose und Therapie
entdeckt werden könnten, — aber, selbst diese unwahrscheinliche Annahme
zugegeben, so dürfte es doch nicht möglich sein, dass dieselbe Krankheit
in verschiedenen Lehrbüchern unter verschiedenen Symptomen erscheint,
dass ein alltägliches, von Graefe beschriebenes Krankheitsbild von einem
Autor, der sich gerade mit dem Reichthume seiner Erfahrungen brüstet,
als erdichtet aus der Pathologie gestrichen wird. Ich spreche nicht von
der Deutung der Symptome, nicht von der mikroskopischen Beschaffenheit gewisser Producte, sondern von den klar vor unseren Augen liegenden
Veränderungen eines kranken Theiles, wie z. B. der Bindehaut, und kann
nur wiederholen, dass in einem Theile unserer Lehrbücher nicht immer die
Beschreibung des makroskopisch Sichtbaren übereinstimmt.

Die folgende Abhandlung über folliculäre Conjunctivitis wird zeigen,
dass man grell auffällige und durch ihre Folgen wichtige Symptome
nicht einmal erwähnt findet, dass man es nicht für der Mühe werth

gehalten hat, die normalen, anatomischen Verhältnisse einer Berücksichtigung zu würdigen, dass pathologische Symptome mit Stillschweigen übergangen worden sind, die schon aus anatomischen Gründen nicht vernachlässigt werden durften.

In dieser Indifferenz gegen die klinische Beobachtung, das Fundament unserer Pathologie, finde ich den grössten Rückschritt der Gegenwart gegen die Zeit, in der unsere neuere Literatur begründet wurde. Damals schloss man rein kritische Arbeiten mit Recht von der Aufnahme ins Archiv aus, weil mit verschwindenden Ausnahmen alle damaligen Arbeitsgenossen Beobachtungsgabe und Wahrheitsliebe genug hatten, weil vor Allem Graefe's durchdringender Blick für die Richtigkeit der neuen Beobachtungen Garantie genug bot, um die kritische Arbeit für die erste Zeit suspendiren zu können. Heute suchen wir objective Krankheitsbefunde, und wenn es uns gelingt, einige zu entdecken, so stimmen sie nicht überein, und Jeder behält Recht für diejenigen, die an ihn glauben.

Es ist ein trauriges Zeugniss für eine Pathologie, wenn alte, eingebürgerte Krankheitsnamen für verschiedene Autoren — und es ist hier, wie ich bemerken will, gerade von solchen, die sich eines gewissen Rufes erfreuen, die Rede — nicht dasselbe bedeuten. Wenn es sich zeigen lässt, dass die Krankheitsbilder in Wirklichkeit gleich sind, welchen anderen Schluss kann man aus einer solchen Thatsache ziehen, als dass man es in der Pathologie nicht mehr für nöthig hält, die pathologischen Objecte genau anzusehen? Dass die Deutung nicht übereinstimmen kann, ist selbstverständlich, damit wird die neue Wissenschaft subjectiv, wie sie es in der ersten Hälfte des Jahrhunderts zeitweise war, und Niemand denkt daran, dass gewisse Differenzen in einer exacten Wissenschaft nicht vorkommen dürfen, dass Jeder ein Interesse daran hat, unrichtige Beobachtungen sich nicht einschleichen und breit machen zu lassen, wie wir es heute erleben.

Hat man es in der Toleranz so weit gebracht, dass nur diejenigen, die sich mit einer pathologischen Aufgabe speciell beschäftigen, sich dafür interessiren, für „schwarz“ und „weiss“ nicht einen gemeinschaftlichen Namen zu brauchen, welcher „praktische Autor“ wird es dann noch für nöthig halten, sich für alt eingebürgerte Termini technici an eine bestimmte Definition zu kehren? Dann ist für den Einen Trichiasis eine unrichtige Stellung der Wimpern zum Augenlide, für den Andern können bei Trichiasis die Wimpern normal zum Augenlide stehen, wenn nur das letztere mit seinen Wimpern das Auge berührt, der Dritte will keinen Unfrieden in der Wissenschaft und giebt Beiden Recht. Und unter diesen verschiedenen Voraussetzungen discutiren die einträchtigen Collegen über das zweckmässigste Operationsverfahren!

So unglaublich meine Worte klingen mögen, die nächsten beiden Abhandlungen werden für ihre buchstäbliche Wahrheit zeugen, und es wäre mir ein Leichtes, dergleichen Beispiele in grosser Zahl beizubringen. Und doch sind diese einfachen Ungeheuerlichkeiten von geringem Belange, wenn man sie mit den complicirten Resultaten ihrer Verbindung mit Hypothesen vergleicht. Wo uns die pathologische Anatomie im Stiche lässt, ist es die Beobachtung des Krankheitsbildes allein, von der aus wir versuchen können, durch Hypothesen das Wesen der Krankheit verständlich zu machen. Die vierte Abhandlung wird zeigen, wohin man mit willkürlichen Hypothesen und genialer Verachtung der allgemein pathologischen Begriffe von einer richtigen Beobachtung aus gelangt. Der Leser wird es mir gern erlassen zu illustriren, wie es weiter geht, wenn die Beobachtung ebenfalls unrichtig ist.

Wollte ich das begonnene Sündenregister noch so sehr vergrössern, so würde ich doch nur die Reihe der Consequenzen eines und desselben Übels weiter ausspinnen, aber keine neuen principiellen Verstösse zu dem alten hinzuthun. Der eine genügt, alle weiteren pathologischen Arbeiten illusorisch zu machen; denn er ist ein fundamentaler. Geht in der Pathologie das Interesse für die Beobachtung des Krankheitsbildes und Krankheitsverlaufes verloren, ist es denkbar, dass über die „Thatsachen der Beobachtung" entgegengesetzte Behauptungen in der Literatur namhafte Vertreter finden, ohne dass das allgemeine Interesse sich der Bekämpfung von Irrlehren, deren Consequenzen unabsehbar sind, zuwendet, so mögen noch so viele werthvolle Schriften über eine und die andere pathologische Veränderung den Ruhm ihrer Verfasser erhöhen, für die eigentliche Aufgabe der Wissenschaft sind sie von geringer Bedeutung; denn an Hypothesen, die unbestreitbare Thatsachen mit fundamentalen Irrthümern in Einklang zu bringen wussten, hat es den „praktischen" Ophthalmologen nie gefehlt, und schlimmsten Falls bleibt immer noch übrig, die absolute Zuverlässigkeit guter Untersuchungen zu beanstanden. Wäre in der Chirurgie ein Streit darüber möglich, ob eine Extremität zu lang oder zu kurz ist, so würden die herrlichsten Entdeckungen über gleichzeitige Gelenk-Affectionen, über feinere Muskel- oder Gefässveränderungen in den kranken Theilen für den pathologischen Zweck, die Diagnose und Therapie des Leidens, unfruchtbar sein; denn caeteris paribus kann sich derselbe Krankheitsprocess nicht nach Belieben des Untersuchenden verlängern und verkürzen. Typische Krankheitsbilder nach genauen Beobachtungen entwerfen, was ich in Übereinstimmung mit Graefe für die erste Aufgabe der Ophthalmologie halte, ist, wie ich sehr wohl einsehe, eine Arbeit, bei der wir leider auf grosse, in anderen klinischen Fächern unbekannte Schwierigkeiten stossen, aber sie müssen durch gemeinsame Anstrengung überwunden werden. Unsere Patienten werden nicht durch den initialen Schüttelfrost ans Bett gefesselt, in dem sie, strengem Régime und strenger Beobachtung unterworfen, bis zur Heilung oder bis zum Tode bleiben, — wir sehen oft nicht den ersten Anfang, noch seltener das Ende, und selbst auf der Höhe des Processes oder während der Recidive eines durch äussere Lebensverhältnisse bedingten, Jahre langen Leidens sind wir darauf beschränkt, uns mit einem durch unvermeidliche Schädlichkeiten des Umhergehens oder durch gebotene, local-therapeutische Eingriffe modificirten Verlaufe zu begnügen. Nichts desto weniger ist einiges Material für exacte Studien zu jeder Zeit vorhanden, das fehlende kann meiner Ansicht nach nur unter der Bedingung, dass nach vorhergegangener Verständigung über die Methoden bestimmte Fragen gleichzeitig von Mehreren am lebenden Kranken studirt werden, für eine wissenschaftliche Verwerthung vorbereitet werden.

Das Fundament unserer Wissenschaft ist rein empirisch. Die Regeln, in wie weit es erlaubt ist, aus übereinstimmenden Resultaten allgemeine Schlüsse zu ziehen, sollte man bei jedem Mediciner, wenn auch täglich gegen dieselben verstossen wird, als allgemein bekannt voraussetzen. Von wenigen localen Verschiedenheiten abgesehen, ist das Krankenmaterial, das der Mehrzahl von uns zur Verfügung steht, gleichartig, Nichts steht im Wege, durch Vermehrung der Arbeitskräfte die Zahl der Erfahrungen, für die manches Leben nicht ausreicht, zu vergrössern, wir können also, in relativ kurzer Zeit, Entscheidungen herbeiführen, gesicherte Thatsachen feststellen und den Autoren, von denen der Eine durch 30, der Andere durch 60 Versuche allgemeine Wahrheiten entgegengesetzten Inhaltes gefunden hat, den Rücken kehren. So weit haben wir es in der Hand, unserer Pathologie objective Forschungen zu Grunde zu legen. Bei ihnen stehen zu bleiben und weitere Belehrung von der pathologischen Anatomie und experimentellen Pathologie abzuwarten wäre eine Geduldprobe, die nur der strenge Theoretiker aushält, der Kliniker wird immer in Graefe's Fehler verfallen, durch Hypothesen zur Diagnose und Therapie gelangen zu wollen; Scharfsinn, umfassendes Wissen und Vorsicht in der Verwerthung von Hypothesen wird den berufenen Pathologen zu allen Zeiten von dem leichtfertigen, ruhmsüchtigen Bücherfabrikanten unterscheiden, aber mehr weniger hypothetisch bleiben auch seine vollkommensten Schöpfungen, bis sie durch lange Übereinstimmung mit Thatsachen, durch Sectionen und constante therapeutische Erfolge legitimirt sind. —

Es gehört einige Überwindung dazu, vor wissenschaftlich gebildeten Lesern ein Wort darüber zu verlieren, dass jeder Wissenschaft, die ihrem kritischen Bedürfnisse nur in gelegentlichen, flüchtigen Andeutungen, in Bemerkungen „unter dem Strich", Genüge thut, ein trauriges Prognosticon zu stellen ist. Junge Wissenschaften, deren Fundamente noch nicht gelegt, deren Forschungsmethoden noch nicht durch den Usus sanctionirt oder durch gemeinsame Verständigung festgestellt sind, — empirische Wissenschaften, in denen man sich über „die Thatsachen der Beobachtung" noch nicht geeinigt hat, in denen ohne Hypothesen Fortschritte undenkbar, also nicht nur experimentelle, sondern auch logische Prüfungen dieser Hypothesen unvermeidlich sind, — in denen Traditionen einer Zeit, deren physiologische und pathologische Anschauungen, Untersuchungsprincipien, Untersuchungsmittel mit den heutigen Nichts gemein haben, fortbestehen neben den hervorragendsten Leistungen der Neuzeit, dürften keinen Schritt weiter thun, ohne kritische Umschau zu halten.

Die Zeit, in der Graefe alle Kräfte sammelte, um ein empirisches Fundament zu legen, ist lange vorüber. Dass wir weit davon entfernt sind, uns auf typische Krankheitsverläufe, wie sie alle klinische Disciplinen zu Grunde gelegt haben, beziehen zu können, weiss Jeder, der einen Blick in die grosse Mehrzahl unserer Lehrbücher gethan hat. Es ist keine Aussicht vorhanden, dass die lange unterbrochene Arbeit gemeinschaftlich wieder aufgenommen werden, keine, dass man sich an die unüberwindlich schwere Aufgabe, unsere jetzige umfangreiche Literatur von allem Irrthümlichen zu reinigen, wissenschaftlich Festgestelltes von Hypothetischem zu trennen, wagen wird. Kritik ist in nächster Zukunft also, wie es scheint, weder entbehrlich, noch in ihrem ganzen Umfange durchführbar.

Wir haben uns von dem grossen schönen Probleme, an dessen Lösung vor 30 Jahren so Viele mit Begeisterung und glänzenden Fähigkeiten herantraten, weiter entfernt, als je, und haben Schätze gesammelt, von denen jede Zeit, die den Zweck unserer Wissenschaft planmässig zu erreichen sucht, mit Bewunderung Gebrauch machen wird. Ich will versuchen, in kurzen Worten einen Weg anzudeuten, auf welchem wir unser Ziel erreichen können.

Das nackte, jeder Reflexion entkleidete Krankheitsbild, das Bild des Krankheitsverlaufes, Gegenstand klinischer Beobachtung, muss durch gemeinsame, wenn auch getrennte Thätigkeit festgestellt werden. In Graefe's „Diphtheritis conjunctivae" haben wir ein klassisches Beispiel, was ein ausgezeichneter Beobachter auf diesem Gebiete leisten kann, wenn der Kranke durch die Natur seines Leidens genöthigt wird, von der ersten Stunde an sich strengen ärztlichen Anordnungen zu unterwerfen. Für

die grosse Majorität der Krankheiten reicht die Kraft und das Material
des Einzelnen nicht aus; Verständigung über die Gegenstände und Methoden der Beobachtung ist das einfache Mittel, für die Wissenschaft zu
erreichen, was der Einzelne vergebens anstrebt. Es müsste ein Leichtes
sein, in einem Jahre an mehreren tausend Fällen von Conjunctivitis
follicularis das Verhalten des M. orbicularis, des Cilienbodens, der inneren
Lidkante, der Schleimhaut am freien Lidrande, des Tarsus in verschiedenen Stadien und vieles Andere festzustellen und das Constante von
dem Wechselnden, das Gewisse von dem Zweifelhaften zu unterscheiden.
Wir würden damit in einem Jahre mehr erreichen, als was bis jetzt in
60 Jahren erreicht worden ist. Ob wir die Fragen mit Rücksicht auf
gewisse pathologische Erscheinungen oder lediglich, um allmählich ein
vollständiges Krankheitsbild zu schaffen, stellen, ist für die Sache gleichgiltig, aber nothwendig ist, dass sie gemeinschaftlich planmässig bearbeitet
werden, und dass nicht jeder die Literatur mit allgemeinen Eindrücken
aus langen Erfahrungen oder mit einem Dutzend gelegentlicher Beobachtungen belastet. Es giebt kein Organ des Auges, keine Krankheit
eines Organes, für welches solche elementare Fragen nicht zu beantworten wären, ehe wir an andere, einfache, wie z. B. die durchschnittliche
Dauer, die Varianten der Symptome, an complicirtere, wie die ätiologischen,
denken können. Ich beschränke mich deshalb vorläufig auf das Ein-
fachste, Unentbehrlichste, das makroskopische Krankheitsbild. Wer die
Früchte gemeinsamer Arbeit kennen gelernt hat, wird mir zugeben, dass,
einmal von Erfolg gekrönt, das Verlangen, auf demselben Wege fortzuschreiten, nie wieder verschwinden wird.

Sollten solche Versuche vorläufig in kleinen Kreisen Anklang finden,
so würden meine Erwartungen weit übertroffen sein; dass die Mehrzahl
ihren Blick höheren Zielen zuwenden, vielleicht auch mehr Befähigung
für Höheres in sich spüren wird, ist mehr als wahrscheinlich. Ihnen
muss eine strenge, objective Kritik als treue Begleiterin zur Seite stehen;
denn noch weiter, als bis an die Grenze der nackten makroskopischen
Beobachtung wird auch der fanatischste Optimismus den Autoren den
beneidenswerthen Besitz der Unfehlbarkeit nicht zusprechen wollen. Von
meinem Misstrauen, das auch die nackte Beobachtung ohne kritische
Controlle nicht statuiren möchte, abgesehen, lässt sich gegen die Behauptung, dass, wo logisch geschlossen, geurtheilt wird, Irrthümer möglich sind,
Nichts einwenden. In der Wissenschaft, die sich bei Thesen nicht be-
ruhigt, ohne ihre Consequenzen zu ziehen, sind die Folgen unrichtiger
Thesen unabsehbar, ihre streng wissenschaftliche Prüfung mithin uner-
lässlich. Von der Richtigkeit dieses Satzes müssten sich meiner Meinung

nach bei einigem Nachdenken auch diejenigen Referenten überzeugen, die gegenwärtig noch den Inhalt grösserer Abhandlungen unterschlagen, „weil sie nur polemisch sind", um so gewissenhafter aber die unsinnigsten, unbegründeten Behauptungen als „positive Leistungen", womöglich als „neuesten Standpunkt" registriren.

Näheres Eingehen auf die Unentbehrlichkeit einer objectiven, wissenschaftlichen Kritik habe ich oben abgelehnt, weil ich sehr fern davon bin, dem Leser einen Standpunkt, durch dessen Voraussetzung er sich beleidigt fühlen müsste, zuzumuthen. Sollten sich wider Erwarten Einige finden, die diesen Standpunkt einnehmen, so bin ich gern bereit, ihnen Rede zu stehen.

Wir arbeiten nicht unter dem mächtigen Einflusse eines allgemein anerkannten, hervorragenden Geistes, in dessen Händen sich unbemerkt und stillschweigend die factische Kritik in der Art concentrirt, dass gar zu traurige Geistesproducte den Weg zu unserer Literatur gesperrt finden. Es ist deshalb unser Aller Pflicht, dafür zu sorgen, dass Irrlehren fernerhin mit Gründen widerlegt und, ehe sie weite Verbreitung finden, erstickt werden. Diesem Zwecke kann nur durch rein kritische Zeitschriften, in denen jede rein sachliche, mit dem Namen des Verfassers versehene Beurtheilung Aufnahme findet, entsprochen werden. Den Namen des Verfassers zu verlangen, ist eine Sache der Gerechtigkeit. Wer die wissenschaftlichen Leistungen eines Andern, implicite diesen selbst als wissenschaftlichen Forscher tadelt, muss sich auch dem aussetzen, dass ungerechter Tadel auf den Kritiker zurückfällt.

Wird man es als einen Eingriff in die persönliche Freiheit der Autoren ansehen, wenn von ihnen neben positiv Neuem eine Kritik derjenigen älteren Ansichten, die mit den ihrigen unverträglich sind, verlangt wird? Ich würde in einer solchen Forderung nur ein sicheres Mittel sehen, unsere Literatur allmählich von Irrthümern, die keinen kleinen Theil ihres Inhaltes ausmachen, zu reinigen. Jedenfalls würde dadurch mehr genützt werden, als durch die immer mehr zunehmende Sitte (sit venia verbo), die Namen derjenigen, die gleicher Ansicht sind, zu nennen. Ist es mir doch neulich begegnet, bei der wichtigen Neuerung, dass ein bekanntes Medicament nicht nur in Lösung, sondern auch in Salbenform gegeben ist, die Namen zweier Ophthalmologen in Parenthese zu finden!! —

Was in drei Decennien der neuen Ophthalmologie als werthvoller Besitz zu Theil geworden ist, wird ihr nie verloren gehen, aber Niemand dürfte im Stande sein zu unterscheiden, was die Pathologie, für die wir Alle arbeiten, fördern, was nur der Erweiterung unserer wissenschaftlichen

Erkenntniss ohne jeden praktischen, medicinischen Zweck dienen wird. Ich meine, wir haben den Gedanken, der Graefe bei der Begründung seines Archivs vorschwebte, nicht beherzigt („Das Pathologische ist doch für uns die Hauptsache und muss es bleiben, alles Andere ist nur Mittel zum Zweck"), wir haben ohne bestimmten Plan Ophthalmologie getrieben und vergessen, dass wir ein Ganzes zu schaffen oder auch nur das Fundament zu einem Ganzen zu legen haben, das sich aus beliebigen Fragmenten und aus einem grossen, nicht fortgeräumten Schutthaufen vermuthlich nicht von selbst aufbauen wird. Dabei sind wir mit Graefe's Intentionen in Widerspruch gerathen, indem wir

1. von der Catheder herab, wie in den Lehrbüchern, gründliche, ophthalmologische Bildung nicht als einen integrirenden Theil der allgemeinen Bildung für jeden Mediciner, sondern als ein besonderes Privileg für Fachmänner oder Specialisten, oberflächliche Kenntnisse als ausreichend für alle übrigen Mediciner angesehen,

2. eine neue Pathologie ohne Fundament zu schaffen versucht,

3. die zahlreichen, von allen Seiten zugeflossenen Beiträge, höchst werthvolle, werthlose und schädliche ohne Kritik, als seien sie gleichwerthig, in einer grossen Literatur angehäuft haben.

Für diejenigen, die Graefe's Intentionen heute noch zu den ihrigen machen, ergiebt sich daraus Folgendes:

1. Den berechtigten Ansprüchen jedes Mediciners kann der Universitätslehrer und Verfasser eines Lehrbuches nur genügen, wenn sein unvollkommenes Wissen die ganze Ophthalmopathologie umfasst, und seine Fähigkeiten ausreichen, die Fragmente der Pathologie durch eigene Erfahrungen und begründete Ansichten zu einem Ganzen zu verbinden.

2. Die erste Aufgabe der Ophthalmopathologen ist, das Fundament ihrer Wissenschaft, die Krankheitsverläufe, durch gemeinsame Arbeit festzustellen.

3. Der wissenschaftlichen Production muss im Ganzen und im Einzelnen eine sachliche, objective Kritik parallel gehen. Im Ganzen kann diesem Zwecke durch kritische Zeitschriften entsprochen werden, im Einzelnen dadurch, dass die Autoren nicht nur ihre neuen Behauptungen begründen, sondern auch ältere, welche durch dieselben beseitigt werden, widerlegen.

Sollten sich gegen die erste Forderung Bedenken erheben, so wird man doch zugeben müssen, dass jeder Schüler berechtigt ist, von der Wissenschaft über alle Fragen, die in ihr Gebiet fallen, Aufklärung zu verlangen, und dass es sicherlich nicht die schlechtesten Schüler sind, die von diesem Rechte vollen Gebrauch machen. —

Genug sanguinische Beanlagung, um zu glauben, dass Gründe, und wären es die schlagendsten, eine Zeitströmung in andere Bahnen lenken können, ist mir nicht mitgegeben. Was ein hervorragender Geist durch seine Individualität unmittelbar bewirkt, vermögen Worte auf dem weiten, gewundenen Wege des Denkapparates nicht zu leisten. Dazu kommt, dass der Zusammenhang mit anderen, rüstig fortschreitenden klinischen Disciplinen nur zu sehr zur Nachahmung anspornt.

Aber es wird vergessen, dass, wenn die Ophthalmologie auch auf der einen Seite das berechtigte Bewusstsein ihrer Überlegenheit hat, auf der anderen gerade das für die Pathologie Wichtigste, dem jene ihre glänzende Entwicklung verdanken, — genaue Kenntniss der Krankheits- verläufe und Sectionsbefunde — ihr zum grossen Theile fehlt.

Wir haben lange ohne eine hervorragende Führung, der sich Alle freiwillig unterordnen, und ohne bestimmten Plan gearbeitet. Heute noch, wie vor 30 Jahren, stehen wir vor der Aufgabe, mit gereiften anatomi- schen und physiologischen Anschauungen und verbesserten Hilfsmitteln eine neue Pathologie zu schaffen, aber zu einem Ganzen, zu einer ein- heitlichen, in sich zusammenhängenden Lehre bringen wir es nicht da- durch, dass Tausende Material zusammen tragen, und jeder seinen Theil, wie es dessen Natur fordert, bearbeitet, dass Fragmente zusammengekittet werden, ehe ein sicheres Fundament gelegt ist, dass man, um nicht Un- vollendetes späteren Generationen zu überlassen, nach aussen hin durch einen glatten Anstrich den Schein des Fertigen erzeugt, während man noch nicht einmal untersucht hat, ob ein Theil des Materiales das nächste Jahr, ohne zu zerbröckeln, überdauern wird.

Und eben so wenig pflegt es zu gelingen, die Fehler des Ganzen dadurch, dass man an den Theilen, die man nie hätte verwenden sollen, nachträglich herumbessert, zu beseitigen, oder ein grosses, Jahrzehnte lang angehäuftes, nie gesichtetes Material in Zukunft zu verwerthen, weil die Scheidung des Brauchbaren von dem Unbrauchbaren mehr Zeit und Mühe kostet, als neues Material mit Rücksicht auf einen bestimmten Zweck herbeizuschaffen.

Es ist keine dankbare Arbeit, auf solche Übelstände aufmerksam zu machen. Wer in wissenschaftlichen Fragen, in denen es sich um Wahr- heit handelt, nicht immer das sogenannte collegialische Ceremoniel streng beobachtet hat, kommt leicht in den Verdacht, unter dem Vorwande sachlicher Interessen Personen angreifen zu wollen. Aber wer nun einmal seinen Beruf liebt und seiner Wissenschaft nach besten Kräften dienen möchte? Ich meine, er sei trotz allen Verdächtigungen verpflichtet, nicht zu vertuschen, nicht mit Glacéhandschuhen anzufassen oder gelegentlich bescheidene Winke zu geben, wenn er zu erkennen glaubt, dass die Einen der mühsamen, ernsten, methodischen Arbeit die täglich zerstörende und erzeugende Willkür des routinirten „Specialismus", die atypisch wiederkehrende Verehrung „der neuesten Standpunkte", der oft lange schwankenden, kritischen Entscheidung mit durchdachten Gründen und Gegengründen den logischen Schein aus Bequemlichkeit oder irgend welchen persönlichen Interessen vorziehen, die Anderen dem Treiben den Rücken kehren und unbewusst dem ärgsten Feinde unserer Wissenschaft, „der praktischen Routine", Thür und Thor öffnen, weil sie ihn aus Antipathie nicht bekämpfen mögen.

Aus diesem Grunde habe ich meine Überzeugung ausgesprochen, ohne auf Erfolg zu rechnen. Mag derselbe noch so gering sein, dass Einige, die sich unbefangen der Zeitströmung überlassen haben, zum Nachdenken angeregt werden, würde mir vollauf genügen. Das Resultat fürchte ich nicht, einer Propaganda bedarf es nicht. Wenn nur Wenige es der Mühe für werth halten, über die Voraussetzungen für die Möglichkeit einer wissenschaftlichen Pathologie sich ein eignes Urtheil zu bilden, so wird die Kraft des breiten Stromes der gedankenlosen Routine, dessen scheinbare Übermacht nur auf der vis inertiae, auf der allgemeinen Indifferenz gegen Principienfragen beruht, bald gebrochen werden.

Den Gegenstand rein theoretisch, als ob die Gegenwart in keiner Beziehung zu demselben stände, behandeln hiesse, aus Höflichkeit einer verkappten Lüge schuldig werden. Deshalb habe ich mich hie und da an einige Beispiele der letzten Jahre als Zeugen für die Wahrheit meiner Behauptungen gehalten. Lehrbücher, deren sonstige Vorzüge ich nicht bestreiten will, schienen mir für diesen Zweck besonders geeignet, weil sie (exceptis excipiendis) die Richtung der Zeit, in der sie entstanden sind, wiederspiegeln. Den Beweis der Wahrheit aus unserer ganzen umfangreichen Literatur zu führen, wäre ein Leichtes gewesen, musste aber aus Rücksicht auf die Langmuth des Lesers unterlassen werden.

Und was hätte der detaillirteste Beweis aus der Literatur des In- und Auslandes genützt? Es wäre mir der ungerechte Vorwurf, in eitler Selbstüberschätzung mein alleinstehendes Urtheil über eine weit verbreitete wissenschaftliche (?) Richtung nicht zurückgehalten zu haben, vermuthlich auch dann nicht erspart geblieben. Wer Albrecht von Graefe als den Begründer der neuen Ophthalmologie ansieht, wer in dem stürmischen Fortschreiten der jungen Pathologie, für das sein Archiv bis in die späte Zukunft Zeugniss ablegen wird, die Eigenthümlichkeit seines Geistes wieder erkennt und aus dem Studium seiner Werke ein deutliches Bild von der Art, wie er sich die Entwicklung der neuen Wissenschaft vorstellte, gewonnen hat, — für den wird es keinem Zweifel unterliegen, dass die klinische Beobachtung das Fundament war, von dem er, welchem Gebiete auch sein Geist bald reformirend, bald neu schaffend sich zuwendete, ausnahmslos ausging. Die Wenigen aber, denen der traurige Vorzug zu Theil wurde, in den beiden letzten Lebensjahren, als schwere Körper- und Seelenleiden den unermüdlich productiven Geist auf den Entwurf von Plänen für eine bessere Zukunft, für neue Thätigkeit mit frischen Kräften beschränkten, dem bis zur letzten Stunde seinem Berufe hingegebenen, von Allen, die ihn kannten und verstanden, geliebten und verehrten Manne näher zu stehen, — sie werden, wie ich, aus brieflichem und persönlichem Verkehre wissen, dass seine nächste Arbeit die sein sollte, aus dem übergrossen, kritisch zu sichtenden Material das breite Fundament zu gewinnen, auf welchem für alle Mediciner eine Krankheitslehre sich erheben sollte, lückenlos vollständig in allem der Wissenschaft sicher Erworbenen, in allem Unreifen durch scharfe Beleuchtung des Für und Wider jeden, der seine geistige Kraft wissenschaftlichen Problemen widmen wolle, zur Arbeit anregend. So hatte er sich sein oft begehrtes und eben so oft refusirtes Lehrbuch vorgestellt. —

II.

Beitrag zur Lehre von der folliculären Conjunctivitis (granulöse Augenentzündung).

Die Geschichte der Medicin bietet für die weit verbreitete Volkskrankheit, von der im Folgenden die Rede sein soll, wenig feste Anhaltspunkte. Schon in alten Zeiten, wie es scheint, bekannt, war sie, wie die Verhandlungen des grossen brüsseler Congresses zeigen, in der ersten Hälfte unseres Jahrhunderts so wenig scharf gegen andere Bindehautentzündungen abgegrenzt, dass wir uns vergeblich bemühen, aus den Sitzungsberichten des Congresses, an dem die hervorragendsten Ophthalmologen der damaligen Zeit sich betheiligten, sicher zu entnehmen, wie oft es sich um blennorrhoische Catarrhe, Blennorrhoeen, diphtheritische oder folliculäre Processe gehandelt habe. In der Discussion wurde mehr auf das Aussehen der Conjunctiva in verschiedenen Stadien, als auf das ganze Krankheitsbild, den Krankheitsverlauf Gewicht gelegt. Die Folge war, dass man verschiedene pathologische Zustände wegen der Ähnlichkeit ihrer Produkte verwechselte.

Die letzten zehn Jahre haben — dank pathologisch-anatomischen Untersuchungen — der allgemeinen Verwirrung ein Ende gemacht, die Diagnose auf ein sicheres Fundament gestellt. Die eigentlich pathologische, klinische Forschung hat von den Resultaten der mikroskopischen Untersuchung vielfach Gebrauch gemacht, ohne sich demselben entsprechend radical zu transformiren, auf dem von ihr allein beherrschten Gebiete ist sie stehen geblieben oder kaum merklich fortgeschritten, die Symptomatologie, Ätiologie, Therapie stagnirt seit etwa 40 Jahren, wie Lehrbücher aus diesem langen Zeitraume zeigen.

Unter diesen Umständen habe ich geglaubt, den Entwicklungsgang meiner Ansichten nach Erfahrungen, die ich in 35 Jahren an einem grossen Material gesammelt habe, kurz andeuten, auf einige wichtige Punkte aufmerksam machen und Irrthümer, die bis in die neueste Zeit hineinragen, besprechen zu dürfen. In allen pathologisch-anatomischen Fragen habe ich mich der Führung Anderer, deren Namen zum grossen

Theile genannt sind, anvertraut, in allen klinischen habe ich einzig und allein zum Ausdrucke gebracht, was eigne Erfahrungen mich gelehrt haben. Auch wo dieselben mit denen meiner Collegen übereinstimmen, sind sie von ihnen nicht beeinflusst worden, sie sind zum grossen Theile älter, als die meisten neueren Abhandlungen über denselben Gegenstand. —

An dem Princip, dass jede pathologische Forschung von dem Krankheitsbilde ausgehen müsse, festhaltend, habe ich die Symptomatologie der Lehrbücher bis in die neueste Zeit zu verfolgen gesucht. Wie bei vielen anderen Gelegenheiten musste ich zu meinem Bedauern constatiren, dass nicht alle Autoren Gleiches beobachtet haben, nicht alle von demselben Fundamente ausgehen, um die Pathologie der folliculären Conjunctivitis zu schaffen.

Der altbekannte Symptomcomplex der Conjunctivitis granulosa acuta, den Mancher gesehen, Graefe beschrieben hat, wird von einem der bekanntesten Praktiker, von de Wecker, geleugnet, Graefe habe ihn erdichtet, die ganze Welt in verba magistri geschworen.*) Die Behauptung verdient genau geprüft zu werden: sie ist von Bedeutung für die ganze Lehre, stammt aus einer Quelle, der wir auf pathologischem Gebiete überall begegnen und ist das erste öffentliche Zeugniss für Graefe's Unzuverlässigkeit als Beobachter.

Dass ich diese Prüfung nach einer wenig gebräuchlichen Methode vornehme, hoffe ich vor dem Leser durch eine Eigenthümlichkeit de Wecker's rechtfertigen zu können. Wer ihn aus älteren Schriften und aus dem neuesten grossen Lehrbuche kennt, weiss, dass es seine Art ist, den Gegner nicht mit einem entscheidenden Schlage zu entwaffnen, sondern durch eine Masse von Gründen und Beweisen zu erdrücken. Dazu gehören viele Worte. Dieselben genau citiren, hiesse dem Leser die Ge-

---

*) Dreimal in kurzen Intervallen hatte ich neuerdings Veranlassung, mich über verschiedene Objecte in unserer Literatur zu orientiren, jedes Mal stiess ich auf das jurare in verba magistri, der Magister war Gräfe, die Schwörenden die Masse der blindgläubigen Ophthalmologen. Man brachte der historischen Wahrheit ein Opfer selbst auf die Gefahr hin, einer Verkleinerung unseres grossen Lehrers im Interesse der eigenen wissenschaftlichen Bedeutung verdächtig zu scheinen. In den annales d'oculistique lässt Warlomont's geistvolle Ironie die Operateure, die fast ausnahmslos die guten Resultate der Linear-Extraction durch Procentzahlen der Verluste bestätigten, auf Graefe's Worte schwören, de Wecker führt uns dasselbe Bild in den von ihm selbst mit mehr Unerschrockenheit als Glück reformirten (?) Lehren vom Glaucom und von der Conjunctivitis granulosa vor Augen. Durch eine vollständige Sammlung solcher Stellen würden wir jedenfalls besser, als durch „die gedankenlose Anbetung" seiner Verehrer lernen, worin Graefe von seinen streng objectiven Kritikern überflügelt ist.

duld und Gewissenhaftigkeit eines englischen Geschwornen zumuthen, — den ungefähren Sinn wiedergeben kann man nur, wie ich es neulich erleben musste, auf die Gefahr hin, einer Verleumdung aus Mangel an Kenntniss der französischen Sprache verdächtig zu werden. Um seine Ehre zu retten, muss man dann doch den ganzen Text des Originals bringen, die Aufmerksamkeit des Lesers ermattet, und die Streitfrage kommt nicht zur Entscheidung, weil auch dem gewissenhaftesten Richter unter gewissen Umständen die Augen zufallen. Um dieser für de Wecker's Gegner trostlosen Alternative zu entgehen, habe ich den Versuch gemacht, mich nicht an die Worte des Textes, sondern an Einiges, was sich eben so deutlich zwischen den Zeilen lesen lässt, zu halten. Nach dieser Methode ergab sich Folgendes:

l. c. p. 376 heisst es: „la description que de Graefe a donnée des granulations aiguës sous forme de taches de la conjonctive tarsienne n'est autre chose que le catarrhe folliculaire aiguë."

Also: Graefe's Beschreibung ist richtig, aber was er beschreibt, ist nicht die acute C. granulosa, sondern der Follicular-Catarrh.

p. 356 heisst es in Bezug auf den Follicular-Catarrh: „dans l'une et l'autre variété ce qui caractérise la conjonctivite folliculaire c'est qu'elle guérit sans laisser des traces."

Also: Der Follicular-Catarrh hinterlässt keine Spuren in der Conjunctiva.

Zwischen den Zeilen steht, wenn wir aus dem zweiten, allgemeinen Satze die Consequenzen für den ersten als einen speciellen Fall ziehen:

„Graefe's acute C. granulosa hinterlässt keine Spuren."

Die Richtigkeit dieser Behauptung zu controlliren, verfügen wir über eine auch von de Wecker benutzte, sichere Quelle, nämlich: „A. v. Graefe's klinische Vorträge etc., Berlin 1871" (Autor: Prof. Hirschberg). In ihr findet sich folgender Satz:

„endlich können die acuten Granulationen direct in die chronischen übergehen, indem sie . . . . Dann ist die Krankheit von unberechenbarer Dauer und Verlaufsweise."

Demnach müsste Graefe Veränderungen der Conjunctiva im Follicular-Catarrh gesehen und richtig beschrieben, ihr weiteres Schicksal aber hinzugedichtet und aus Wahrheit und Dichtung das Bild seiner acuten C. granulosa zusammengefügt haben:

l. c. p. 367: „tableau tracé théoriquement, mais qui n'existe pas cliniquement."

Leser, welche an Krankheitsbilder nicht eher glauben, als bis de Wecker sie gesehen hat, finden zu ihrer Beruhigung auf

p. 368: „nous pouvons assurer que nous n'avons jamais vu une poussée aiguë de granulations laissant après la disparition de l'état inflammatoire une surface hérissée de véritables granulations naissantes et acquiérant peu à peu les caractères du trachome."
So viel ich weiss, ist dieser schwere Vorwurf de Wecker's gegen Graefe seit seinem siebenjährigen Bestehen in unserer Literatur nicht widerlegt worden. Wenn neuere Compendien, wie die von Meyer, Schmidt-Rimpler (1883), Michel (1884), unbeirrt an Graefe's Beschreibung festhalten, als ob de Wecker nie geschrieben hätte, so wird damit nicht mehr erreicht, als dass die Zahl entgegengesetzter Beobachtungsresultate, an denen es der neueren Ophthalmopathologie nicht fehlt, grösser wird. — In meiner Heimath gehört das Krankheitsbild der acuten C. granulosa acuta nicht zu den seltenen. Will man den Übergang desselben in die chronische Form experimentell erzeugen, so genügt es, die Conjunctiva in zu kurzen Intervallen zu scarificiren. Je mehr Blut der Conjunctiva entzogen wird, desto sicherer kann man auf Narbenschrumpfung rechnen. Nach meinen Erfahrungen bin ich demnach genöthigt, weiter in verba magistri zu schwören, deren Inhalt mir übrigens aus Anschauung bekannt war, ehe ich Graefe kennen lernte. —

Wird von de Wecker's Widerspruch abgesehen, so darf man wohl behaupten, dass die Ansichten der Autoren über das Aussehen der entzündeten Conjunctiva nur in unwesentlichen Punkten auseinander gehen, dass wir also seit Jahren über eine Anzahl von Krankheitsbildern verfügten, deren Ordnung in verschiedene Gruppen Aufgabe der Pathologie war. Wie es scheint, war es ein glücklicher Gedanke, dass man das eigenthümliche, pathologische Product, das Granulum (Korn), als Eintheilungsprincip wählte und, unbekümmert um alle Verschiedenheiten der Krankheitsbilder, die Erkrankungen der Conjunctiva, zu deren auffallenden Symptomen die Neubildung der Granula gehörte, als Conjunctivitis granulosa zusammenfasste. Von klinischer Seite konnte bei dieser Eintheilung das Bedenken nicht lange unterdrückt werden, ob es gerechtfertigt sei, die durchscheinenden, bläschenartigen Gebilde, die offenbar der Resorption zugänglich wären und spurlos verschwänden, mit den gelblichen Körnern, die sich zu verschieden geformten Prominenzen erhöben und schliesslich schrumpften, zu identificiren. Die Entscheidung musste zunächst von der pathologischen Anatomie erwartet werden. So wurde die

Conjunctivitis granulosa

und mit ihr die Beschaffenheit der normalen Conjunctiva vor etwa 20 Jahren ein beliebtes Object der mikroskopischen Untersuchung; denn eine Überzeugung drängte sich schon den ersten Forschern sehr bald auf, nämlich die, dass für eine pathologische Anatomie der Conjunctiva die damaligen Kenntnisse von ihrem feineren Bau im normalen Zustande keine ausreichende Vorbereitung seien. Es waren russische Collegen, denen wir die ersten Arbeiten auf diesem Gebiete verdanken: bis zum heutigen Tage sind vor Allem Stieda's Untersuchungen über das Epithel und die Rinnen, den Pseudo-Papillarkörper etc. Grund legend geblieben, in der pathologischen Anatomie glaubte Wolfring unter den Ersten, nach ihm Iwanoff in dem kolossalen Sectionsmaterial der russischen Hospitäler ausreichende Beispiele der verschiedenen Krankheitsstadien zu finden, um die Natur der Producte und das Wesen des Processes mit einem Schlage klar legen zu können. In wie weit sie und sie nicht allein das Verständniss einzelner Erscheinungen gefördert haben, lässt sich in Kürze hier eben so wenig darthun, als der Einfluss späterer Arbeiten (Baumgarten, Berlin u. A.) auf unsere Vorstellungen vom Wesen der Krankheit, — aber trotz allem Fleiss und Geschick zahlreicher Sachverständiger blieb die Hauptsache, die Natur des Granulum, Gegenstand der Controverse. Man suchte vergeblich in der normalen Conjunctiva präexistirende Follikel, um eine Erklärung für die plötzlich massenhaft auftretenden „Trachomkörner" geben zu können; denn die allgemeinen pathologisch-anatomischen Anschauungen über „Neubildung von Follikeln in kranken Schleimhäuten" waren von den heutigen noch weit entfernt.

So blieb es, bis in dem grossen von Graefe und Saemisch herausgegebenen Lehrbuche die sorgfältigen Untersuchungen Saemisch's für die Pathologie den Dualismus der Granula brachten: eigenthümliche, gutartige Neoplasmen für die mit Schrumpfung der Conjunctiva endende, Follikel für die heilbare Form. — Es dürfte wenig Beispiele in der gesammten Pathologie geben, an denen sich so handgreiflich nachweisen lässt, wie verkehrt es ist, wenn die Pathologen die Hände in den Schooss legen, ihre eigne Arbeit suspendiren und von der pathologischen Anatomie allein erwarten, dass sie ihnen Aufschluss über das Wesen der Krankheit ertheilen wird.

Wir werden sofort sehen, dass es an einer mit dem irrthümlichen, pathologisch-anatomischen Befunde in allen Stücken genau harmonirenden Pathologie der C. granulosa nicht lange fehlte, aber im Ganzen wollte es der neuen Entdeckung nicht gelingen, Terrain zu erobern; die Kliniker verhielten sich den Neoplasien gegenüber ablehnend, ältere und jüngere

Forscher (Nuel, Jacobson jun. u. A.) protestirten auf Grund ihrer eignen mikroskopischen Untersuchungen gegen den Dualismus der Granula, und die folliculäre Natur aller Körner war, wie die Literatur der achtziger Jahre zeigt, stillschweigend angenommen, als Raehlmann's pathologisch-anatomische Abhandlung (Graefe's Archiv XXIX c. 1883) die letzten Zweifel hob und unser Verständniss der sichtbaren und unsichtbaren Veränderungen wesentlich erleichterte. —

Vergleicht man die Energie dreissigjähriger Arbeit, um endlich ein scheinbar winziges Resultat zu erreichen, mit der Thätigkeit der Pathologen innerhalb desselben Zeitraumes, so weiss man nicht, was an letzterer mehr zu bedauern ist, ob die völlige Stagnation auf der einen, die principiellen Verirrungen auf der anderen Seite: Hypothesen, „geistreiche" Einfälle publiciren, das Ende anticipiren und dem Ganzen mit Verachtung der elementarsten Logik ein Scheinfundament unterschieben, schienen die Einen für eine Aufgabe pathologischer Forschung zu halten, während die Anderen sich so verhielten, als ob mit dem vor 40 Jahren von Arlt entworfenen Krankheitsbilde die Grenze menschlicher Erkenntniss erreicht und am „Trachom" Nichts zu ändern, nichts Neues zu beobachten, zu entdecken sei. Mit seltener Constanz schleppen sich durch vier Jahrzehnte dieselben Weisheiten über das Trachom durch die Mehrzahl der Lehrbücher, während eine kleine Minderzahl von einem „neuesten Standpunkte" zum andern taumelt, als ob es Aufgabe des Lehrers sei, die Mode mit zu machen und nicht selbst zu denken.

Erst in neuester Zeit, als mit den Follikeln selbstverständlich nur ein charakteristisches Product, aber keineswegs das Wesen des Processes erklärt war, stossen wir wieder auf zwei Versuche, von klinischer Seite die Natur der Krankheit begreiflich zu machen, aber so gering ihre Zahl ist, als Zeichen der Zeit sind sie von entschiedener Bedeutung; denn sie demonstriren ad oculos, wie sehr den Ophthalmologen das Verständniss für die Grundlagen der Pathologie abhanden gekommen war.

An der neuen Lehre Arlt's, des vortrefflichen Beobachters, des Meisters einer streng der Wahrheit entsprechenden Krankheitsschilderung, des erklärten Feindes aller willkürlichen Hypothesen, lässt sich der Einfluss der letzten 40 Jahre auf die Richtung unserer Pathologie am schlagendsten erkennen. Für die jüngeren Leser, die Arlt nicht in seiner prager Zeit gekannt haben, dürften einige Worte über seine Persönlichkeit kein überflüssiger Commentar zu meiner Behauptung sein. Graefe's Lehrer in der operativen Augenheilkunde, in den fünfziger Jahren Vertreter der Ophthalmologie in der prager Facultät und Mitarbeiter an der „prager Vierteljahrschrift", in der vorzugsweise die damaligen Kliniker ihre von gemeinsamen, allgemeinen Principien ausgehenden pathologischen Forschungen veröffentlichten, hatte er sein Lehrbuch (meiner Meinung nach das beste, das in deutscher Sprache geschrieben ist) vor mehreren Jahren zum Abschlusse gebracht und den Ruf eines ausgezeichneten, klinischen Lehrers, eines unfehlbar sicheren, geschickten Operateurs, dessen Operationscurse von allen Nationen begehrt wurden, früh erworben. Er war der treueste Repräsentant einer berühmten Schule, die fast zu ängstlich Hypothesen aus der Pathologie verbannte, sich ungern über die Grenzen des sicher Beobachteten hinauswagte und von genauer Beobachtung der Krankheitsverläufe in Verbindung mit Sectionen, in zweiter Reihe von der Anwendung physiologischer Lehren alles Erreichbare erwartete. In der Therapie hatte man es damals nicht weit gebracht, das Decoctum graminis für Arzneibedürftige und der Cuprum-Stift gegen Trachom dominirte, Atropin gegen Iritis, Argentum nitricum gegen Blennorrhoea conjunctivae wurde aus rationellen Gründen a limine abgewiesen, — aber, wie wenig man auch von der Therapie profitirte, die kleinsten Abweichungen vom typischen Krankheitsbilde, ihre Beziehungen zur Prognose, Nuancen, die in Lehrbücher nicht übergegangen sind, lernte man von Niemand besser, als von Arlt; an ihnen erkannte man den scharfen Blick und das treue, unfehlbare Gedächtniss des klinischen Empirikers im besten Sinne des Worts. Scharfe, objective Beobachtung, bescheidene Selbstbeschränkung auf das unbedingt als wahr Erkannte, Scheu, Ungewisses für Wahrheit auszugeben und unwillkürliche Speculationen sich in die Wissenschaft einschleichen zu lassen, waren Eigenschaften des Klinikers, die mit der Natur und dem Charakter des Menschen vollkommen harmonirten. — Zum grossen Schaden für unsere Wissenschaft scheint der einfache, bescheidene Beobachter für seine unentbehrliche Richtung einen Platz im Archiv neben Helmholtz, Graefe, Donders nicht gesucht zu haben, die neueren Hilfsmittel der Ophthalmologie beherrschte er nicht vollkommen, in seinem eigentlichen Elemente finden wir ihn nur noch einmal als Verfasser der Operationslehre für Graefe-Saemisch, die wenigen pathologischen Arbeiten seiner wiener Periode halten einen Vergleich mit den älteren nicht aus. Was in dieser Zeit aus dem besonnenen Kliniker, der sich in der neuen Literatur nicht wiederfand, seine Richtung für veraltet hielt und sich deshalb „neueren Standpunkten" accommodirte, geworden ist, zeigt sein zweimaliges Auftreten in der Lehre vom Trachom. Von dem ersten sagt Raehlmann (1883) mit Recht: „das Verdienst, zuerst scharf zwischen dem klinischen Bilde des Trachoms und der Blennorrhoe resp. der contagiösen Ophthalmie der Autoren unterschieden zu haben, gebührt Arlt", aber 1881 hat das klinische Bild für denselben Arlt seine

Bedeutung nicht mehr und nach 40 Jahren klinischer Thätigkeit ist Er es, der den Satz aufstellt: „das Trachom ist eine chronische Blennorrhoe, Synonyma sind: Ophthalmia aegyptiaca, militaris, bellica, contagiosa, Blennorrhoea chronica und Trachom." Und zur Begründung dieser neuen Lehre müssen als charakteristische Symptome der Blennorrhoeen herhalten: 1) „schleim-eiterige Secretion" anstatt des charakteristischen reinen Eiters, 2) „Hyperämie und Schwellung" schlechtweg (Symptome der meisten Entzündungen) anstatt der excessiven Hyperämie und Schwellung, deren Intensität vollkommen für sich allein steht, 3) „eine plastisch-fibrinöse Infiltration", um ihre Verwandtschaft mit „grauen Exsudat-Klumpen", die dem Trachom angehängt werden, wahrscheinlich zu machen. — Was sonst noch von Gründen angegeben ist, übergehe ich als unwesentlich, weil keiner beweist, was er beweisen soll. Die oben genannten habe ich angeführt, um zu zeigen, wohin man gelangt, wenn man einer willkürlichen Hypothese zu Liebe sich nicht an das Krankheitsbild hält. Um das Wort „Trachom" nicht als blosse Bezeichnung für einen gut beobachteten Krankheitsverlauf weiter zu gebrauchen, sondern ihm eine Definition unterzuschieben, müssen die charakteristischen Eigenthümlichkeiten der Blennorrhoe so lange gereckt und verzerrt werden, bis sich auch das Trachom allenfalls in ihre weiten Contouren hineinzwängen lässt!!

de Wecker's Hypothese ist das zweite Paradigma der verkehrten pathologischen Methode. Jahre lang vor Saemisch, wie wir von ihm selbst erfahren, hatte er die Nothwendigkeit einer Trennung der Follikel von den Neoplasien eingesehen und vertreten. Sein Unstern fügte es, dass Saemisch irrte und ihn seiner Sache um so sicherer machte. Nun galt es, die neue Lehre, die nicht aus den Krankheitserscheinungen hergenommen war, an ihnen zu prüfen, zu sehen, in wie weit jedes einzelne Symptom und alle im Zusammenhange mit der dualistischen Theorie vereinbar seien. Der Stein des Anstosses war die acute Conjunctivitis granulosa, eines von beiden — die Krankheitsschilderung oder die Theorie — musste falsch sein, und da die Theorie aus sehr vielen Gründen richtig sein musste, blieb Nichts übrig, als Graefe zum Dichter zu machen und einem allgemein bekannten Krankheitsbilde das Todesurtheil zu sprechen. — Von Arlt haben wir gelernt, wie man die wirkliche Gestalt eines pathologischen Processes verzerrt, um dieselbe einem fremden Wesen ähnlich erscheinen zu lassen, von de Wecker, wie man der Wahrheit Gewalt anthut, um eine willkürliche Hypothese nothdürftig zu unterstützen. —

Der pathologischen Anatomie verdanken wir die Erklärung eines eigenthümlichen Krankheitsproductes und die Sicherheit, eine grosse Menge von Krankheitsfällen auf ein allen gemeinschaftliches, constantes Symptom hin zu einer Species vereinigt zu haben. Ob wir dazu berechtigt waren, kann nur auf dem Wege klinischer Beobachtung ermittelt werden, aber gerade die klinische Beobachtung hat sich ihrer Aufgabe nicht gewachsen gezeigt. Vielleicht rührt es daher, dass die contagiöse, militärische, ägyptische Ophthalmie neben dem Trachom, der granulösen Conjunctivitis, dem Follicular-Catarrh in unserer Literatur noch immer fortbesteht, als ob man für den Fall, dass die folliculäre Conjunctivitis sich nicht lebensfähig erweisen sollte, eine sichere Reserve behalten wolle. Man hat keinen Schritt gethan, um aus den Krankheitserscheinungen das Wesen der Krankheit zu erkennen und legt deshalb auch auf ihre Namen, die man doch nicht definiren kann, keinen Werth. Wir werden sehr bald sehen, dass die letzten Jahre und namentlich Raehlmann's Untersuchungen in ihrem Zusammenhange mit einer richtigeren Beurtheilung des Symptomcomplexes nicht ganz unfruchtbar gewesen sind. —

Was mein persönliches Verhalten zu der langen Reihe pathologisch-anatomischer Arbeiten anbetrifft, so war ich immer der Überzeugung gewesen, dass die sogenannte Hypertrophie des Papillarkörpers, der wir das Trachoma papillare und mixtum verdanken, ein den meisten Bindehautentzündungen zugehöriges, mithin für keine charakteristisches Symptom, als solches von den Granulis streng zu trennen sei. Einen Grund, zwei Kategorien der Granula anzunehmen, konnte ich in dem klinischen Krankheitsbilde deshalb nicht finden, weil die verschiedenen Formen derselben sich ohne Zwang auf andere Ursachen zurückführen lassen. Über die Natur der Granula war selbstverständlich von klinischer Seite Nichts zu ermitteln. Seitdem die pathologische Anatomie, wie es scheint, endgültig entschieden hat, ergiebt sich für mich die Consequenz, an Stelle der alten Namen

die folliculären Krankheiten der Conjunctiva

treten zu lassen. Der neue Name umfasst die alten Krankheitsbilder des Follicular-Catarrhs, der acuten Conjunctivitis granulosa und des nach de Wecker nur chronisch auftretenden Trachoms (C. granulosa chronica), er trennt die grosse Menge mehr weniger diffus über die Schleimhaut der Lider und die Übergangsfalte verbreiteter Processe in zwei grosse Gruppen und lässt die Natur der einzelnen Fälle vorläufig noch unbestimmt. Ich beschränke mich in dieser Abhandlung auf die diffusen Veränderungen der Lidschleimhaut, indem ich von der C. bulbi, der Cornea und von circumscripten, den folliculären ähnlichen Veränderungen absehe.

Die beiden nächsten, an die Definition unmittelbar anknüpfenden Fragen scheinen mir folgende zu sein:

1. Finden sich neugebildete Follikel bei dem Catarrh, der Blennorrhoe, dem Croup, der Diphtheritis?
2. Von welcher Art sind die Krankheitsbilder, die sich schon im Initialstadium durch folliculäre Neubildungen auszeichnen und in ihrem weiteren Verlaufe von denselben abhängen?

Die erste Frage wird nur für eine Entzündung der Conjunctiva, für die sogenannte Blennorrhoea chronica von einigen Ophthalmologen in dubio gelassen. Dass Arlt „die chronische Blennorrhoe" und „das Trachom" für gleichbedeutend hält, ist oben erwähnt, seine Begründung hinreichend beleuchtet worden.

Weniger entschieden spricht sich in der fünften, verbesserten Auflage Schweigger im Jahre 1885 über diese Frage aus. Verbessert hat sich hierin die Auflage gegen die vierte, mit der sie vielmehr vollkommen übereinstimmt, nicht, obwohl sie, wie wir sehen werden, durchaus verbesserungsbedürftig ist.

Es heisst nämlich auf p. 268: „Es sei schwierig, eine Grenzlinie zu ziehen zwischen Trachom und chronischer Blennorrhoe, da auch bei letzterer es schliesslich zu narbiger Schrumpfung der Conjunctiva kommen kann, und ausserdem beide Processe neben einander auf derselben Schleimhaut vorkommen können." Damit wäre gegen Arlt ausgesprochen, dass die beiden Krankheitsprocesse nicht identisch seien. Die Grenzlinie zwischen ihnen zu ziehen mag schwierig sein, aber jedenfalls nicht aus den von Schweigger angegebenen Gründen; denn gleichzeitiges Vorkommen zweier Krankheiten auf derselben Schleimhaut kann, wie wir von der Blennorrhoe und Diphtheritis wissen, die Unterscheidung erleichtern, aber kaum erschweren, und wegen des „schliesslichen Ausganges in narbige Schrumpfung" wird kein Pathologe daran denken, Krankheiten in einander übergehen zu lassen, die sich sonst wesentlich unterscheiden. Ständen die Worte „beide Processe" nicht handgreiflich da, so würde ich glauben, nicht die Trennung der Processe, sondern die Diagnose einzelner Fälle solle Schwierigkeiten machen, aber der Wortlaut spricht dagegen, und für die Unterscheidung differenter Krankheitsprocesse ist es gleichgiltig, ob die Differentialdiagnose in manchen Fällen leicht oder schwer ist.

Halten wir uns an Schweigger's Symptome der chronischen Blennorrhoe, so sollte man eine Verwechslung für kaum möglich halten. Nach seiner Angabe (p. 254) ist die Conjunctiva roth, geschwollen, gefaltet und secernirt Schleimeiter; ihre Oberfläche

kann feinkörnig sein oder papilläre Wucherungen oder flache,
kuglige Prominenzen zeigen (geschwellte, conjunctivale Lymph-
follikel oder Wucherungen der Schleimhaut). — Abgesehen davon,
dass es nicht ganz leicht ist, mit den Worten „flache, kuglige Prominenzen"
eine bestimmte Vorstellung zu verbinden, und dass es „conjunctivale Lymph-
follikel", wie Schweigger bei Raehlmann und Anderen sicher gelesen hat,
nicht giebt*), dürfte Niemand bestreiten, dass es unmöglich ist, nach
diesen Symptomen „Trachom" und „Blennorrhoe" zu verwechseln.
Denn eine rothe, geschwollene, gefaltete, Schleimeiter secernirende Conjunctiva, deren Oberfläche bald feinkörnig ist, bald papilläre Wucherungen,
bald kuglige Prominenzen zeigt, hat sicherlich noch nie ein Ophthalmologe für eine „trachomatöse" gehalten.

Binden wir uns aber an diese vom Niemand gereihten Symptome
nicht allein, um uns Nichts, was die verbesserte Auffat zur Diagnose
der chronischen Blennorrhoe bringt, entgehen zu lassen, so kommen wir
leider um keinen Schritt weiter; denn dass die Blennorrhoea chronica
meist ein Residuum alter, anfangs unscheinbarer, deshalb oft vernach-
lässigter Entzündungen sei, dass häufig ungesunde Wohnungen und dauernd
einwirkende Schädlichkeiten eine einflussreiche Rolle spielen", sind Eigenschaften, die sie, zumal wenn „die alten Entzündungen" nicht näher bezeichnet werden, mit gar zu vielen Krankheiten der Conjunctiva gemein hat.

Sind wir aber überhaupt berechtigt, ein Ding „Krankheit" zu nennen,
wovon wir nichts weiter wissen, als dass es bald eine Folge äusserer Schädlichkeiten, bald ein Produkt ungenannter „alter Krankheiten" ist? Was
wir in Schweigger's Lehrbuch beschrieben finden, ist eine Krankheit ohne
Anfang, ohne Verlauf und ohne Ende, es ist ein pathologisches Product von annähernd constantem Aussehen, gleichviel aus welcher Ursache es entstanden sein mag, ein Product, ähnlich dem
Zustande jeder prolabirten Schleimhaut, ähnlich der „Hypertrophie des Papillar-Körpers", die bis vor Kurzem eine traurige Rolle in der Trachomlehre gespielt hat.

Vergleichen wir die beiden genannten Vertreter der Blennorrhoea
chronica, so müssen wir Arlt darin Recht widerfahren lassen, dass er
Vergleichbares verglichen hat, nämlich die typische Form seines Trachoms
mit einer weniger gewöhnlichen, dem Wesen nach aber ebenfalls zum
„Trachom" gehörenden, der Ophthalmia aegyptiaca. Schweigger hat es
„schwierig gefunden, eine Grenzlinie zwischen Blennorrhoea chronica und
Trachom zu ziehen", und hätte die subjective Giltigkeit seiner Behauptung nicht besser beweisen können, als dadurch, dass er die Grenzlinie

---

*) Cfr. p. 54 Anmerkung.

suchte. Die Schwierigkeit liegt aber weder in der Blennorrhoe, noch im Trachom, sondern in der Kunst, Krankheitsproducte nicht mit Krankheitsprocessen zu verwechseln, einer Kunst, die sich mit einiger Aufmerksamkeit leicht erlernen lässt.

Bis man eine Parallele zwischen dem Krankheitsbilde der Blennorrhoea chronica und dem der Conjunctivitis follicularis von den ersten Anfängen bis zum Ende aufgestellt haben wird, dürfen wir annehmen, dass erstere nicht in Wirklichkeit, sondern nur in der Idee derjenigen, die es mit den Elementen der allgemeinen Pathologie nicht allzu genau nehmen, existirt. Blennorrhoea chronica ist entweder ein Ausgang unvollkommen geheilter Blennorrhoea acuta, den man, da die acuten Symptome erloschen sind, als morbus sui generis auffassen mag, oder ein Krankheitsprocess, der sich von dem acuten nur durch die allmähliche und weniger intensive Entwicklung des gemeinschaftlichen Symptomcomplexes unterscheidet. Beide haben mit den folliculären Krankheiten nicht die entfernteste Ähnlichkeit. Damit ist die erste Frage beantwortet: eine Scheidung der Bindehautkrankheiten in folliculäre und nichtfolliculäre ist also an sich nicht unstatthaft; denn die grossen Gruppen des Catarrhs, der Blennorrhoe, der Diphtheritis, des Croup etc. haben mit den folliculären das wesentliche, charakteristische Merkmal nicht gemein. —

Die Beantwortung der zweiten Frage — „welches sind die Krankheitsbilder, die sich schon in ihrem Initialstadium durch Neubildung von Follikeln auszeichnen etc.? — ist nicht leicht. Die Erfahrung lehrt, dass folliculäre Bindehautkrankheiten vorzugsweise bei armen Leuten vorkommen. Deshalb sehen wir die subjectiv kaum bemerkbaren Initialsymptome selten, vorgerückte Stadien nicht in ihrem wirklichen, sondern in einem durch die schädlichen Einflüsse äusserer Lebensverhältnisse modificirten Bilde, die Endausgänge so, wie sie sich unter diesen Umständen in Verbindung mit einer bald indifferenten, bald schädlichen, selten wirksamen Therapie gestalten müssen. Hierauf muss Rücksicht genommen werden, wenn man von der Inconstanz der Symptome spricht. Gelingt es, die Kranken früh einem zweckmässigen Régime zu unterwerfen, so werden die Krankheitsbilder typisch.

Dem ersten Auftreten nach kann man latente, subacute, acute, chronische Processe unterscheiden, dem Verlaufe nach gehen alle mit einer Ausnahme durch ein chronisches Stadium von unberechenbar langer Dauer, der Intensität nach lassen sich ebenfalls subacute, acute, hyperacute sehr wohl trennen, wenn man nur daran festhält, dass der Charakter einer ausgesprochen chronischen Entzündung durch die acutesten Exacerbationen ver-

ändert, die acutesten Processe, nachdem sie sich erschöpft haben, chronisch
werden können. Die Bezeichnungen „acut" und „chronisch" werden demnach
in der Pathologie zur Verständigung, um lange Schilderungen zu ersparen,
immer gute Dienste leisten, während sie zu einer Classification der folliculären Processe deshalb, weil die meisten theilweise acut, theilweise
chronisch verlaufen, nicht geeignet sind. Im Folgenden habe ich mich
zu einem Eintheilungsprincip nicht durch irgend eine Theorie, sondern
durch die jeder Gruppe eigenthümliche Beschaffenheit der Conjunctiva
leiten lassen. Nach diesem Principe bin ich zu den folgenden Krankheitsprocessen gekommen:

Der folliculäre Cartarrh (Catarrh mit Follikelschwellung).

Ohne subjective Beschwerden zu erzeugen, oder unter den subjectiven Symptomen eines mehr weniger acuten Catarrhs erheben sich meist
gleichzeitig und, wie es scheint, ohne eine anatomisch vorgeschriebene
Richtung einzuhalten, kuglige, durchscheinende, bis zu 1 mm im
Durchmesser grosse, sehr oberflächlich gelegene, bläschen-
artige Prominenzen gewöhnlich zuerst in der unteren Übergangsfalte
und Conjunctiva tarsi. Die Conjunctiva ist geschwellt, auf der Sclera
mitunter leicht chemotisch, Zeichen entzündlicher Infiltration
fehlen, die Transparenz ist normal oder um ein Geringes vermindert,
die Schleimhaut, wo sie nicht auf den Tarsus geheftet ist, leicht ver-
schiebbar, lässt sich, mit der Pincette gefasst, ohne Widerstand abheben.
Secret: vermehrte, klare oder etwas flockige Thränen, mitunter Schleimfäden in der Tiefe der Übergangsfalte. In allen übrigen Symptomen
gleicht das Krankheitsbild den verschiedenen Formen des Catarrhs vom
chronischen bis zum hyperacuten.

Enthält man sich jeder Therapie, so sieht man wenige Tage nach
der Follikeleruption ein feines Gefässnetz allmählich die Oberfläche der
in ihrer Grösse unveränderten Neubildungen bedecken, während unter
subjectiven Exacerbationen neue Follikel in den Interstitien zwischen den
alten oder in den freigebliebenen Partien der Conjunctiva aufschiessen.
Die Oberfläche der Conjunctiva bleibt dabei glatt, spiegelnd oder es treten
die unbedeutenden Epithelveränderungen ein, die nach Arlt ungeschornem
Sammet ähneln, nie kommt es zu einer derben Infiltration, höchst selten
zum Aufbruch einzelner Follikel, wie ihn Raehlmann zuerst für das „zweite
Stadium" der „Entzündung" genau geschildert und verstehen gelehrt hat.

Nachdem der Process in mehr weniger rasch einander folgenden,
meist sehr reichlichen Eruptionen von Follikeln sich erschöpft hat, verkleinern sich die Erhebungen bis zum allmählichen Verschwinden, abge-

stossenes Epithel wird regenerirt, die geringe seröse Infiltration des subconjunctivalen Zellgewebes auf der Sclera schwindet, Falten gleichen sich
aus, das Secret wird der Quantität und Qualität nach normal, und Restitutio ad integrum nach einigen Wochen oder wenigen Monaten bei
zweckmässigem Verhalten der Kranken, fleissigem Reinigen der Übergangs-
falten mit kaltem Wasser oder Lösungen von Borsäure (4:100) ist die
Regel. Nur ausnahmsweise ist locale Application schwacher Adstringentien
oder einer Höllensteinlösung (2:100) zur Beschleunigung der Heilung nöthig.

Proportional zur Intensität, in der alle Symptome auftreten, ist der
Grad der Hyperämie, an der die vorderen Ciliargefässe nicht Theil nehmen, die Menge und Constanz des Secretes. Extreme sind: anämische
Conjunctiva bei latentem, Injection bis in die Nähe des Cornealrandes
bei sehr acutem Charakter des Processes.

Abweichend von entzündlichen Processen pflegt der in Rede stehende
die obere Conjunctiva tarsi, den an den convexen Rand des Tarsus unmittelbar grenzenden Theil der Übergangsfalte, der künftig „Grenzstreifen"
genannt werden soll, und die obere Übergangsfalte später, als die untere
Hälfte der Bindehaut, zu ergreifen. Unter einigen 90 Fällen, die wir
neulich in einer von ca. 1000 Knaben besuchten Volksschule vorfanden,
war nur 8 Mal — und zwar in den schwereren Fällen — die obere
Bindehaut betheiligt. —

Der Charakter der Schleimhaut — abgesehen von der Follikel-
neubildung — und der ganze Complex der subjectiven und objectiven
Symptome rechtfertigt es, dieses von den folgenden in seinem ganzen
Verlaufe abweichende Krankheitsbild als „folliculären Catarrh" auszuscheiden. Wie dasselbe sich verändert, wenn die Patienten ihre Augen
unsauber halten, sich jedem Winde und Wetter aussetzen, tagüber während der Arbeit in schlecht gelüfteten Räumen verweilen, — wie dann
die Hyperämie, die Epithelveränderungen, das Secret zunehmen, letzteres
dem Eiter ähnlich wird, oder wie die ihres Epithels entkleidete Conjunctiva nach Aufnahme inficirender Substanzen einer blennorrhoischen oder
folliculären Entzündung anheimfällt, — dergleichen gehört nicht zum
typischen Bilde des folliculären Catarrhs, sondern in eine Beschreibung
der traumatischen Entzündung oder Infection einer catarrhalischen Conjunctiva. Was unter den Erscheinungen des folliculären Catarrhs
auftritt, hat seinen bestimmten, oben angegebenen Verlauf.
Alle Abweichungen sind Folgen von Complicationen. —

Nach Ausscheidung des Catarrhs bleibt eine Menge von Krankheitsbildern, die, wie wir sehen werden, nicht nur in verschiedenen
Stadien, sondern mitunter schon in ihrem ersten Auftreten einander kaum

ähnlich sind, aber, wenn wir von der Beschaffenheit der Conjunctiva und der Follikelneubildung ausgehen, sich ohne Zwang zusammmenfassen lassen als

Folliculäre Entzündungen.

Anatomisch-pathologische Vorbemerkungen. Nicht ihrer Neuheit, sondern ihrer Wichtigkeit wegen glaube ich auf einige anatomische Verhältnisse hinweisen zu müssen, die auch in neuesten Lehrbüchern (ich werde mich des Beispiels wegen an Schweigger's „verbesserte Auflage vom Jahre 1885" halten) wenig beachtet worden sind. Ich beschränke mich dabei auf die Conjunctiva des Übergangstheiles, des Tarsus, den Lidrand und den Schliessmuskel, indem ich die Cornea, die Conjunctiva bulbi, die Thränenorgane für eine spätere Bearbeitung reservire.

Als bekannt darf ich das Fehlen des Papillarkörpers und präformirter Follikel in der normalen Conjunctiva*) voraussetzen, ebenso dass das eigentliche Stroma Conjunctivae zum adenoiden Gewebe gehört. Die Mächtigkeit desselben nimmt vom convexen Knorpelrande, an dem es am reichlichsten vertreten ist, gegen die Conjunctiva bulbi und gegen den freien Lidrand, den es nicht erreicht, ab. Genauere anatomische Angaben über seine Vertheilung wären wünschenswerth, um manche Unterschiede zwischen der oberen und unteren Conjunctivalhälfte in entzündlichen Zuständen zu erklären. Dasselbe gilt für die Natur gewisser follikelähnlicher Gebilde in der unteren Übergangsfalte, von denen bei der chronischen Entzündung die Rede sein wird. Das makroskopische Aussehen der oberen Übergangsfalte in verschiedenen Lebensaltern innerhalb seiner physiologischen Grenzen ist nicht genau bekannt, das Aussehen derselben in pathologischen Zuständen kennt man nur bei extremer Schwellung. Bekanntlich muss das ectropionirte obere Augenlid mit Pincetten gefasst und nochmals ectropionirt werden, wenn man die Übergangsfalte genau übersehen will, was, so viel ich aus den Beschreibungen entnehme, bisher unterlassen worden ist. Die meisten über ihr Aussehen gemachten Angaben sind nur auf den „Grenzstreifen" zu beziehen. — Von der oberen Übergangsfalte abgesehen, haben die soeben angeführten Lücken unseres Wissens für die Auffassung der folliculären Krankheitsbilder vermuthlich nur in-

---

*) Ich habe in Bezug auf die Frage der präformirten Follikel den damaligen, mit Raehlmann's (auch von Schweigger benutzter) Arbeit abschliessenden Standpunkt durchweg festgehalten. Wie Baumgarten gleich darauf in Graefe's Archiv gezeigt hat, und neue Untersuchungen bestätigen, gehen dennoch die pathologischen Follikel höchst wahrscheinlich aus physiologisch präformirten hervor. Für uns ist einzig und allein von Wichtigkeit, dass das Granulum des Catarrhs, der Entzündung und Follikel identisch sind.

sofern einige Bedeutung, als sie die Beziehungen einzelner Symptome zum normalen Zustande, aber nicht das Wesen des ganzen Krankheits-processes begreiflich machen würden.

Die folgenden Bemerkungen beziehen sich auf anatomische Verhält-nisse, ohne deren genaue Kenntniss und Berücksichtigung weder die Er-scheinungen des Krankheitsprocesses an sich richtig beobachtet und ge-deutet, noch ihr Zusammenhang, ihre Wichtigkeit für Erhaltung des Auges gewürdigt, noch endlich eine dem Charakter des Ganzen und des speciellen Falles entsprechende rationelle Therapie gefunden werden kann. Die werthvollen Untersuchungen Raehlmann's, im 29. Bande des Graefe'schen Archivs veröffentlicht, sind wesentlich pathologisch-anatomischen Inhaltes, belehren uns über pathologische Producte, deren Constanz nur im Laufe der Zeit bestätigt werden kann, können aber der Natur der Sache nach ein vollständiges Bild der Lebenserscheinungen nicht geben und den cau-salen Zusammenhang der Erscheinungen nur gemeinsam mit der Kranken-beobachtung am Lebenden aufklären.

Wenn wir nach den Gründen fragen, warum folliculäre Entzündungen mit Recht zu den schweren Augenkrankheiten gezählt werden, so sind zwei an erster Stelle zu nennen: Die Unabsehbarkeit der Recidive und die Erkrankungen der Cornea. Für die Gesamtheit einer Bevölkerung kommt noch die Häufigkeit von Endemien und Epidemien, die Contagiosität dazu.

Für die Recidive haben Rachlmann's Worte volle Geltung: ehe das adenoide Gewebe der Conjunctiva, also die ganze Substantia propria, in Narbengewebe verwandelt ist, kann die Möglichkeit eines Recidivs nicht ausgeschlossen werden. Die Veranlassung zur Erkrankung des adenoiden Gewebes hat mit der anatomischen Beschaffenheit der Conjunctiva Nichts zu thun. Einem von Vielen vertheidigten Standpunkte der Gegenwart entsprechend wäre sie vorzugsweise ausserhalb des Auges, in der Ein-wanderung charakteristischer Mikroorganismen zu suchen. Therapeutisch würden wir damit zunächst auf die Bacteriologie, und wenn weder der Krankheitserreger zu beseitigen, noch die locale Disposition zu vermindern, noch endlich der erzeugte Krankheitsprocess heilbar wäre, auf die Zerstörung des adenoiden Gewebes, der erkrankten Bindehautpartien, angewiesen sein.

Die zweite Gefahr, die Erkrankung der Cornea, grösser, als die der Recidive, weil von ihr die schliessliche Brauchbarkeit des Seh-organs, Sehen oder Blindheit, abhängt, zeigt sich entweder im frühen Verlaufe der Entzündung, mitunter schon in den ersten Tagen, oder im letzten, dem sogenannten Schrumpfungsstadium, um dann nie mehr zu schwinden. Die erste Art des Auftretens hat, so viel wir wissen, keine Verwandtschaft zur anatomischen Beschaffenheit der Conjunctiva und

Cornea, die letztere wird von der Mehrzahl der Autoren den Schrumpfungs-
vorgängen der Conjunctiva und des Tarsus, der Erkrankung des freien Lidrandes und seiner Stellung, endlich der Stellung der Wimpern zugeschrieben.

Die pathologischen Veränderungen dieser Theile, sollte man meinen,
mit ihrem normalen Verhalten zu vergleichen, müsste die erste Arbeit
jedes Beobachters, die erste Aufgabe jedes Lehrbuches sein; denn Beobachtungen der Augenlider stossen auf keine erheblichen Schwierigkeiten,
für eine locale Therapie liegen die Verhältnisse so günstig, als möglich,
sie ist durchschnittlich gefahrlos, durchschnittlich erfolgreich. Um so
trauriger ist es, dass man unser Verlangen, die Veränderungen des
Lidrandes zu verstehen, mit dem einen Worte „Schrumpfung" abspeist, —
„Schrumpfung" ohne Erklärung ihrer mechanischen Wirkung, ohne einen
schwachen Versuch, die Folgen derselben aus ihrer besonderen Art zu
erklären.

Auf diesen Punkt, auf das mechanische Nachschreiben des Wortes
„Schrumpfung" concentriren sich die meisten Begehungs- und Unter-
lassungssünden vieler Pathologen, die sich an eine Bearbeitung der
folliculären Bindehautentzündungen gewagt haben. Sie sollen demnächst
eingehender besprochen werden. Mit der Form des Augenlides beginnend,
stossen wir zunächst auf eines der häufigsten Symptome, auf die sogenannte muldenförmige Verbiegung des Knorpels, auf eine stärkere
Wölbung mit relativ schnellem Abfall gegen den freien Lidrand. Arlt
hat dieselbe im letzten Stadium seines „Trachoms" beobachtet, als ein
Symptom desselben und als eine Folge der Schrumpfung beschrieben, die
Anderen schreiben es nach bis zum heutigen Tage. Aber die Frage, ob
man „die muldenförmige Verbiegung" auch in frühen Stadien, in denen
von Schrumpfung nicht die Rede sein kann, findet, ist, so viel ich weiss,
noch nie gestellt worden, obwohl sie doch nahe genug liegt. Ich kann
dieselbe unbedingt bejahend beantworten: wir finden die muldenförmige Verbiegung keineswegs selten, bei folliculären Entzündungen, deren erste Entstehung wir beobachtet haben, schon
nach wenigen Monaten, wenn sich in der Conjunctiva tarsi
superioris*) noch keine Spur narbiger Schrumpfung zeigt.
Ihr steter Begleiter ist die Contraction des Musculus orbicularis
oculi. Als Ursache der Contraction können wir für diese Fälle weder
Photophobie, noch oberflächliche Keratitis mit Reizung der Nerven-
endigungen gelten lassen; denn der Lidkrampf lässt im Dunkeln wenig
nach, die Cornea kann anscheinend normal sein. Treten die Entzün-

---

*) Die Beschreibungen der Lidveränderungen beziehen sich, wenn nicht aus-
drücklich das untere Lid genannt wird, durchweg auf das obere.

dungen mit allgemeiner, starker Lidschwellung, Röthung der Haut und objectiver Temperatursteigerung auf, — Symptome, bei denen fast aus-nahmslos die Conjunctiva stark hyperämisch, der Tarsus nach kurzer Zeit in allen Dimensionen vergrössert, wahrscheinlich serös infiltrirt ist, — so hängen die schweren Lider, wie bei der acuten Blennorrhoe, schlaff herab. Ein reflectorischer Blepharospasmus scheint also der Begleiter hochgradiger, plötzlicher, lymphoider Infiltration und der Neubildung von Follikeln zu sein. Die anatomische Frage ist, ob nach rein mecha-nischen Principien excessive, lange dauernde Contraction eines Orbicularis und zwar der palpebralen Partie dem Knorpel die von Arlt beschriebene Gestalt geben kann. Auch diese Frage ist, so viel ich weiss, weder beantwortet, noch überhaupt gestellt worden. Mir scheint es, wenn ich den Orbicularis beim Lidschlusse so stark, als möglich, wirken lasse, als fühlte ich deutlich, wie die Mitte des Tarsus sich gegen den aussen angelegten Zeigefinger vorwölbt, während die peri-pheren Ränder, namentlich der freie Lidrand, nach hinten zurückweichen, — die Beobachtung ist aber zu unrein, zu wenig präcis, als dass ich ihr einen positiv entscheidenden Werth beilegen möchte. Andererseits kann ich einen anatomischen Grund gegen eine solche Wirkung nicht nur nicht angeben, sondern würde vielmehr, wenn die Dicke des Muskels gegen den convexen Rand des Tarsus und (abgesehen vom freien Lidrande) gegen die Peripherie im Allgemeinen stärker, als in der Mitte, wäre, bei der Richtung der Contraction gegen das Ligamentum canthi internum hin die „muldenförmige Form des Knorpels" für die natürlich gegebene halten. Dem wohlfeilen Einwande, dass photophobische Kinder trotz Monate lang bestehender Lichtscheu keine sichtbare Formveränderung des Tarsus er-leiden, lässt sich leicht damit begegnen, dass der Spasmus bei folliculärer Conjunctivitis sehr viel hartnäckiger und langwieriger zu sein pflegt, dass vermuthlich die Resistenz des Tarsus bei Erwachsenen und Kindern dem Grade nach sehr viel weniger verschieden ist, als die Kraft des Muskels, dass endlich die an folliculärer Conjunctivitis Leidenden hauptsächlich oder allein den Palpebralmuskel, während photophobische Kinder sicht-lich auch die mächtige Lage des Orbitalmuskels, die um die Orbita gelagerte Hautpartie mit den communicirenden Gesichtsmuskeln, contra-hiren. — Gegen den freien Lidrand hin könnten die auf den M. palpe-bralis fast senkrecht gestellten Muskelbündelchen, die zu den Haar-bälgen und, wie wir bei Henle und Merkel sehen, sogar bis unter den „Lidrandstreifen" der Conjunctiva ziehen (M. Riolani), als Antagonisten des M. palpebralis, als Aufrichter des Lidrandes gelten, wenn ihre Masse nicht allzu sehr gegen den kräftigen M. palpebralis verschwände.

Dass die muldenförmige Verbiegung des Knorpels nicht immer eine Folge von Schrumpfung ist, können wir mithin als durch Erfahrung erwiesen annehmen. Die Fragen, ob dieselbe im letzten Stadium entsteht oder in dasselbe hinübergetragen wird, ob und in welchen Fällen sie eine Folge des Muskelkrampfes ist, sind als offene zu betrachten. — Soweit wären die anatomischen Verhältnisse scheinbar von nur untergeordneter Bedeutung für den Ausgang der Krankheit; denn die muldenförmige Verbiegung, welches auch ihre Ursache sein mag, ist unschädlich, so lange ein normaler, breiter, intermarginaler Theil den Wimpern beim Lidschlusse ihre Stellung anweist. Geht aber die innere Kante des Lidrandes verloren oder, wie der gewöhnliche Ausdruck ist, wird sie abgerundet, dann verliert der Lidrand allerdings seine feste, hintere Wand, und kann sowohl durch Narbenzug nach rückwärts, als auch durch Druck von der Hautfläche her nach hinten so weit umgelegt werden, dass die normal austretenden Cilien, je nachdem das Auge prominirt oder tief liegt, dasselbe entweder mit ihren Spitzen berühren oder, wenn aufgerollt, in den Übergangstheil hineinsehen, während sie in ihrer ganzen Länge der Conjunctiva des Tarsus aufliegen.

Von der inneren Kante wird nun ebenfalls behauptet, dass sie durch Schrumpfung der Conjunctiva oder des Tarsus verloren geht, resp. abgerundet wird. Gegen diese Behauptung habe ich anatomische und pathologische Bedenken geltend zu machen. Bekanntlich lehrt jeder auf den freien Lidrand senkrechte Schnitt, dass der Knorpel die innere Lidkante nicht erreicht, und dass ein festes, von den Ausführungsgängen der Tarsaldrüsen durchsetztes Bindegewebe den Raum zwischen der Grenze des Knorpels und der inneren Lidkante ausfüllt. Dasselbe wird auf seiner hinteren Fläche von der fest anliegenden Conjunctiva bekleidet, grenzt nach vorn an das feste Bindegewebe, in welches die Haarwurzeln und die Bündel des M. Riolani eingebettet sind.*) Was die Pathologie „innere Lidkante" nennt, ist mithin der freie Rand der hinteren, von Conjunctiva bedeckten Wand des Bindegewebsstreifens. — Ohne Zweifel hängt es von dem Standpunkte des Untersuchenden ab, wie er die verschiedenen, den Lidrand zusammensetzenden Gewebe einem bestimmten Zwecke entsprechend gruppiren will: die topographische Anatomie, die Histologie, die Patho-

---

*) Der Kürze wegen soll diese den Lidrand bildende Masse künftig „Bindegewebsstreifen" schlechtweg genannt werden.

logie haben jede gleiches Recht, zusammenzufassen, was auf ihren Gebieten zusammengehört. In der Pathologie sehen wir die Krankheitsbezirke bald durch histologische und entwicklungsgeschichtliche Verwandtschaft, bald durch den Verlauf der Blutgefässe, bald durch communicirende Lymphbahnen vorgezeichnet, anatomisch Gleichartiges getrennt, Heterogenes im engsten Zusammenhange. Man braucht die Krankheiten der Meibom'schen Drüsen nicht zum Gegenstande eines Specialstudiums gemacht zu haben, um zu wissen, wie wenig das dem Tarsus histologisch gleichartige, nur durch seine Anordnung und Dichtigkeit von ihm verschiedene Bindegewebe, in welches die Ausführungsgänge der Drüsen eingebettet sind, an demselben Theil nimmt, während nur ausnahmsweise eine den freien Lidrand erreichende Conjunctivitis ohne Veränderungen des letzteren — sei es in Folge unmittelbar sich fortpflanzender Entzündung, sei es mittelbar nach Excoriation des intermarginalen Theiles durch Secret — zu verlaufen pflegt. Ähnliches lässt sich für die Verbreitung der Entzündungen des Cilienbodens, für die Beziehung oberflächlicher (blennorrhoischer) und parenchymatöser (folliculärer) Entzündungen der Conjunctiva zum Tarsus durch alltägliche Erfahrungen mit voller Sicherheit constatiren.

Es bedarf nun weder einer hervorragenden Divinations- noch Beobachtungsgabe, um anzunehmen und sich durch den Augenschein davon zu überzeugen, dass der conjunctivale Entzündungsprocess, der sich überall, wo das Stratum conjunctivae aus adenoidem Gewebe besteht, an der Neubildung von Follikeln erkennen lässt, auch den „Lidrandstreifen" nicht verschont und von diesem aus entweder auf die Oberfläche des intermarginalen Theiles (Excoriation des Lidrandes) oder direct auf den die Schleimhaut bedeckenden Bindegewebsstreifen übergeht. Im ersteren Falle muss die innere Lidkante ihre scharfe Grenzlinie verlieren, „abgerundet" werden, weil sie excoriirt wird, im letzteren kann sie „schwinden", zurücksinken, wenn die Entzündung des Randstreifens mit Atrophie endet. An dieser Entzündung kann der benachbarte Cilienboden Theil nehmen, Wimpern fallen aus oder werden dislocirt, und was aus den pathologischen Wurzeln von Neuem hervorgeht, ist eine ohne bestimmte Ordnung in der Nähe der Lidkante aufschiessende Menge verkümmerter, meist heller, dünner Härchen (Trichiasis). Diese secundäre Entzündung entsteht gewöhnlich, bevor die innere Kante geschwunden ist, zieht sich aber, aus klar liegenden Gründen, in die spätesten Stadien des Processes hinein, während die Voraussetzung für die Retroversion des freien Lidrandes (Entropion) schon mit der verminderten Resistenz der inneren Lidkante eintritt. Ob die Kante fehlt, mit dem atrophirten Bindegewebe, dem sie angehört, retrahirt ist, oder ob sie, nach Verlust

der Epidermis durch Bindehaut-Secret gereizt, in eine Wundfläche, auf
der sich Granulationen in Zapfenform von 3 bis 4 mm Höhe erheben
können, verwandelt wird, ist für das Resultat gleichgiltig: die hintere
Wand des Lidrandes ist erweicht, ihr Widerstand vermindert, und damit
über die Stellung des Lides zum Auge entschieden. Dass man bei diesem
Vorgange auch von einer Schrumpfung der Conjunctiva oder des Tarsus
oder beider geträumt hat, während ein Blick auf die Oberfläche des Lides
ausreicht, in dem spastisch contrahirten M. orbicularis die Ursache des
Entropion erkennen zu lassen, wäre schwer zu begreifen, wenn die letzten
Jahre nicht gelehrt hätten, wie gering das Interesse geworden ist, auf
makroskopische Krankheitsbilder einzugehen.   Aber wunderbar bleibt es,
dass Autoren, die den Lidkrampf durch falsch gerichtete, die Cornea rei-
zende Cilien entstehen lassen, die also den Lidkrampf zugeben, nicht einmal bemerkt haben, dass der Muskel, lange bevor die ersten Zeichen von
Trichiasis vorhanden sind, contrahirt ist, und dass viele Trichiasis-Kranke
ihre Lider ebenso frei, wie Gesunde, öffnen.

Auch müsste es eine eigenthümliche Art von Schrumpfung des Knorpels oder gar der Conjunctiva sein, bei welcher die an der äusseren Lidkante hervortretenden Cilien einen Bogen von ca. 130° nach rückwärts beschrieben, ohne dass der freie Knorpelrand, dessen Zuge sie folgen müssten,
in derselben Richtung vorangeht. Dass Letzteres aber nicht der Fall ist,
weiss jeder, der ein oberes Lid in einem späteren Stadium folliculärer
Entzündungen ectropionirt und einigermaassen genau angesehen hat.

Ferner kann man sich namentlich an tiefliegenden Augen, wenn die
Cilien, gegen den Übergangstheil mit ihren Spitzen gerichtet, nicht sichtbar sind, leicht davon überzeugen, dass ein nach aufwärts und rückwärts
gerichteter Zug an der Hautfläche des Lides zwar einen Theil des Randstreifens zum Vorschein bringt, aber das Entropion nicht beseitigt, während man nur den Orbicularis zwischen zwei Finger zu nehmen und vom
Tarsus abzuheben braucht, um dem ganzen Rande mit den Spitzen der
Wimpern seine normale Stellung zu geben. Es ist also nicht der muldenförmig verbogene Knorpel, dessen Rand bei dem sogenannten „Entropion
trachomatosum" die Sclera und Cornea streift, sondern der Bindegewebsstreifen, der, durch den spastisch contrahirten M. orbicularis über den Knorpelrand nach rückwärts gerollt, dem Muskeldruck nachgeben muss, wenn
er durch eine vom Randstreifen der Conjunctiva ausgehende Entzündung
atrophirt oder von einem festen, mit normaler Epidermis bedeckten Gewebe in eine entzündlich erweichte, granulirende Masse umgewandelt ist.

Es mag der pathologischen Anatomie überlassen bleiben, zu entscheiden, ob sich die muldenförmige Verbiegung des Knorpels immer auf

Schrumpfungsvorgänge zurückführen lässt (klinische Beobachtungen sprechen dagegen), aber so viel kann durch klinische Beobachtung und einiges Nachdenken unter Berücksichtigung der anatomischen Verhältnisse schon jetzt festgestellt werden: nicht die Verbiegung oder Schrumpfung des Knorpels und der Conjunctiva sind die Ursachen des Entropion und der Trichiasis, sondern ein von der folliculär entzündeten Conjunctiva auf den Randstreifen übertragener Entzündungsprocess mit consecutiver Erweichung oder Atrophie, und die Retroversion des Lidrandes (Entropion) entsteht nicht durch Narbenschrumpfung, sondern durch Muskeldruck.

Wie sich diesen Ansichten gegenüber eine nicht geringe Zahl von Lehrbüchern verhält, soll die nach der Vorrede des Verfassers „wesentlich" und „hauptsächlich" in der Lehre von den Krankheiten der Conjunctiva verbesserte Auflage des Schweigger'schen Lehrbuches vom Jahre 1885 zeigen. Nach ihm kommt das Entropion in zwei verschiedenen Formen vor (p. 224 sq.), in der ersten ist der Orbicularis überhaupt erschlafft, „jedoch so, dass die dem Lidrande unmittelbar anliegenden Muskelbündel relativ am stärksten gespannt sind", die zweite, die uns besonders interessirt, „kommt in der Mehrzahl der Fälle durch Trachom zu Stande. Meistens entwickelt sich das Entropion in der Weise, dass zunächst die innere Lidkante in Folge der Conjunctivalschrumpfung (!) abgeschliffen und dadurch (!) die äussere Lidkante mit den Cilien dem Bulbus zugewendet wird. In den meisten Fällen ist, besonders am oberen Lide, längs des ganzen Lidrandes oder nur an einem Theile desselben zugleich Verschrumpfung und muldenförmige Verkrümmung des Knorpels vorhanden, wodurch die Lidkante nebst den Cilien noch mehr nach einwärts gewendet wird (!). In Folge der im Haarwurzelboden stattfindenden Schrumpfung (!) wird die Ernährung der Cilien beeinträchtigt und zugleich den einzelnen Cilien noch ausserdem eine falsche Richtung gegeben, so dass dünne, blasse, schlecht entwickelte Härchen den Lidrand in abnormer Richtung durchbohren und mehr gegen die innere Kante hervorsprossen (Trichiasis und Distichiasis). Diese Übelstände werden noch dadurch gesteigert, dass in Folge der Verschrumpfung des Knorpels (!) die Lidrandportion des Orbicularis auf einer schiefen, gegen das Auge hin abschüssigen Ebene ruht, und ausserdem durch den anhaltenden Reizzustand, welcher in solchen Augen stattfindet, in einen Zustand habitueller Contraction geräth" (!).*) — An derselben Stelle finden wir den Satz, von

---

*) Das Citat ist wörtlich, die Ausrufungszeichen sollen auf die Alles erzeugende und Alles erklärende Schrumpfung aufmerksam machen.

dem in der nächsten Abhandlung eingehender die Rede sein wird: „bei
der operativen Behandlung des Entropium mit Trichiasis und Distichiasis
genügt es, den Zweck zu verfolgen, mit Erhaltung der Cilien demselben
durch Transplantation des Cilienbodens (nach Arlt) eine richtige Lage
zu geben." — In gleichem Sinne heisst es in dem Kapitel „Trachom"
(p. 265), nachdem die Narbenzüge in der Conjunctiva tarsi und den Übergangsfalten besprochen sind: „der Lidrand und die Cilien können dabei
normal bleiben, in der Regel aber beschränkt sich die Verschrumpfung
nicht auf die Conjunctiva, sondern erstreckt sich auch auf den Tarsus.
Zunächst verstreicht dabei die innere Lidkante (!), sie wird abgerundet
und verschwindet endlich vollständig. Schon hierdurch erhalten die
Cilien eine abnorme Richtung, noch mehr aber durch die Verkrümmung
des Tarsus" (!). Es folgt nun „die Erkrankung des Haarwurzelbodens",
von der Niemand weiss, wo sie herkommt, die Neubildung falsch gerichteter Cilien und zum Schluss als Folge der mechanischen Reizung
der Cornea der Muskelkrampf, „welcher die Cilien vollständig nach innen
umschlägt (Trichiasis, Distichiasis und Entropium)."

Wir würden eine traurige Vorstellung von dem Zustande der „Con-
junctival-Krankheiten" vor 1885 bekommen, wenn die „wesentlichen, hauptsächlich die Lehre von der Conjunctivitis betreffenden Verbesserungen",
die Schweigger in seiner kurzen Vorrede in Aussicht stellt, bei der folliculären Conjunctivitis zu suchen wären. Hier ist, wie der Leser sich aus
älteren Auflagen überzeugen kann, alles Wesentliche beim Alten geblieben,
durch den Contrast mit Citaten aus Raehlmann's Abhandlung der Eindruck der Unglaubwürdigkeit nur verschärft, die „Schrumpfung" bald der
Conjunctiva, bald des Knorpels spielt seit Jahrzehnten dieselbe Rolle des
deus ex machina, um pathologische Veränderungen zu erklären, die mit
ihr in keinem Zusammenhange stehen, und der Anatomie des freien Lidrandes bleibt der Weg zur Pathologie verschlossen, weil die pathologischen Beobachter es nicht für nöthig halten, Symptome, die sich ihnen
meist in den letzten Krankheitsstadien zeigen, bis in die Zeit ihres Ent-
stehens zurück zu verfolgen.

Der Schrumpfungslehre würdig zur Seite steht die ganze Bearbeitung
der folliculären Processe, wie sie das neue Lehrbuch bringt. Sie beginnt
(p. 260) mit einem Kapitel „Schwellung der Conjunctival-Follikel",
in welchem die auch in gesunden Schleimhäuten vorkommenden, halb
durchscheinenden Bläschen beschrieben werden, um zu den entzündlichen
Lymphfollikeln, Symptomen des Follicular-Catarrhs und der acuten
Granulationen überzugehen. Nach einer kurzen Beschreibung erfahren
wir, dass es auch eine chronische Form giebt, und dass die Producte

dieser drei Processe völlig verschwinden, aber auch in Trachom übergehen (!) können. In dem Kapitel „Trachom" lesen wir zu unserem Bedauern, dass sich eine scharfe Grenze zwischen folliculärer Conjunctivitis und Trachom nicht ziehen lässt: „man wird eben diejenigen Fälle, bei welchen die Follikel schliesslich schwinden, und die Schleimhaut normal wird, zur ersten Gruppe rechnen, den Ausgang in Narbenbildung und Verschrumpfung dagegen dem Trachom zuschreiben. Eher ist es möglich, eine Grenze zu ziehen zwischen Trachom und chronischer Blennorrhoe, da Trachom sich häufig entwickelt ohne blennorrhoische Erscheinungen." Wir dürfen es mit solchen Bemerkungen nicht allzu genau nehmen; denn sechs Seiten später begegnen wir dem oben schon citirten Satze: „zwischen C. folliculosa und Trachom besteht eben kein principieller Unterschied. Man rechnet zu ersterer eben diejenigen Fälle, in welchen die Follikel schliesslich mit Hinterlassung normaler Schleimhaut verschwinden. Eben so schwierig ist es eine Grenzlinie zu ziehen zwischen Trachom und chronischer Blennorrhoe, da auch bei letzterer es schliesslich zu narbiger Schrumpfung der Conjunctiva kommen kann, und ausserdem beide Processe neben einander auf derselben Schleimhaut vorkommen können." Also: folliculäre Entzündung und Trachom sind principiell nicht verschieden, eben so schwer ist es, eine Grenzlinie zwischen Trachom und Blennorrhoea chronica zu ziehen, man sollte also meinen, sie wären principiell ebenfalls identisch, aber — „sie sind zwei Processe, die neben einander auf derselben Schleimhaut vorkommen können." Mögen „die Studirenden und Ärzte", für die solche Lehrbücher geschrieben werden, ihr Möglichstes thun, die schwierigen Probleme zu lösen! Mir gelingt es nur unter der Voraussetzung, dass Gegensätze sich nicht ausschliessen.

Der Leser wird es mir nach diesen Proben erlassen, über eine Bearbeitung der folliculären Krankheiten, die sich so weit von der üblichen Art, wissenschaftliche Fragen zu behandeln, entfernt, eine umfassende und eingehende Kritik zu schreiben. Sie würde mehr Raum einnehmen müssen, als sie beanspruchen darf, war auch keineswegs von mir beabsichtigt, aber der Hinweis auf den „neuesten Standpunkt" unserer schönen Wissenschaft wird mich hoffentlich entschuldigen, wenn ich ein Kapitel der Pathologie, auf dem ich den Meisten Bekanntes bringe, so, als ob Alles zu finden wäre, behandle und nur bei einem Theile der Probleme, die noch zu lösen sind, eingehender verweile. —

Welche Schwierigkeiten wir zu überwinden haben, um ein naturgetreues Bild einer folliculären Entzündung zu entwerfen, ist oben schon angedeutet worden: die C. follicularis ist eine Krankheit der Armen, der arbeitenden Klasse, wir sehen nicht die Anfänge, sehen spätere Stadien in Formen, die sie durch unberechenbare, äussere Schädlichkeiten angenommen haben. Gelingt es ausnahmsweise, die ersten Anfänge einer rationellen Therapie zu unterwerfen, so lassen sich locale Eingriffe, die den natürlichen Verlauf der Krankheit modificiren, selten vermeiden, die Dauer des letzten Stadiums schliesst eine strenge Überwachung und genaue Beobachtung eo ipso aus. Dazu kommt, dass folliculäre Entzündungen nicht, wie blennorrhoische, croupöse, diphtheritische sich an eine Art von Schema des Ansteigens bis zur Akme und des Abfalls bis zur Heilung oder Vernarbung halten, sondern unberechenbar exacerbiren und recidiviren, so dass man auf derselben Schleimhaut in frühen und späten Stadien die Producte verschiedener Anfälle antrifft, dass sie gegen Infection nicht schützen, sich also mit blennorrhoischen, diphtheritischen Entzündungen compliciren können, dass wir selbst von catarrhalischen Symptomen nicht immer angeben können, ob sie dem Grundleiden angehören oder als zufällige Complicationen aufzufassen sind.

Um vorläufig zu typischen Krankheitsbildern zu gelangen und alles Zufällige, Accidentelle möglichst auszuscheiden, lege ich zwei Formen zu Grunde, deren Producte, wie die Initialstadien lehren, der folliculären Entzündung angehören, deren makroskopisches Aussehen und verschiedenartiger Verlauf von nichts Anderem bedingt wird, als von dem Grade, in dem eines dieser Producte über das andere prävalirt. Selbstverständlich ist das eine dieser Producte die lymphoide Infiltration und die Neubildung von Follikeln, die wir vorzugsweise nach Raehlmann's abschliessenden Untersuchungen durch das erste Stadium der Infiltration und des Wachsthums, das zweite des Aufbruchs (der Suppuration?), das dritte der Schrumpfung und Narbenbildung verfolgen können, das andere ist die oberflächliche Hyperämie und die, wie es scheint, von ihr nicht wenig abhängigen Veränderungen des Epithels, soweit dieselben dem unbewaffneten Auge erkennbar sind. In der anämischen Conjunctiva sehen wir, wenn wir extreme Fälle in's Auge fassen, im zweiten Stadium die ganze, blasse Conjunctiva tarsi mit unregelmässig rundlichen, sich gegenseitig abplattenden Erhebungen, deren zerklüftete Oberfläche weder den glatten, spiegelnden Epithelüberzug erkennen, noch Epithelveränderungen deutlich gegen folliculäre abgrenzen lässt, bedeckt, in der hyperämischen, geschwellten Conjunctiva verlaufen die Veränderungen des Follikels unter einer mehr weniger undurchsichtigen, blutrothen, bald durch oberflächliche Epithelverluste, wie Arlt sich ausdrückt, ungeschorenem Sammet ähnlichen, bald mit papillenartigen Auswüchsen übersäeten

Decke, unter der wir die grauen Follikel kaum hindurchschimmern sehen. Zwischen diesen beiden Grenzen liegen die verschiedenen Bilder der C. follicularis. Die Eintheilung lässt sich auch wissenschaftlich rechtfertigen, weil das Verhältniss zwischen Infiltration und Hyperämie für Verlauf und Ausgänge, mithin auch für die Therapie von entscheidender Bedeutung ist.

Wird die Hyperämie der Conjunctiva trotz ihrer grossen, klinischen Bedeutung von den charakteristischen Merkmalen als ein Symptom, das fehlen kann, ausgeschlossen, so lässt sich das Wesentliche der folliculären Entzündungen in folgende Definition zusammenfassen:

Das Gemeinschaftliche und Charakteristische folliculärer Entzündungen ist Neubildung von Follikeln bei gleichzeitiger lymphoider Infiltration, deren Quelle die adenoide Substanz ist. Selbst hyperacut auftretend, haben sie einen schleppenden, durch Exacerbationen und Recidive ausgezeichneten Verlauf. Die sehr seltene Restitutio ad integrum ist in wenigen Monaten zu erwarten und kann durch frühzeitiges, ärztliches Einschreiten nie sicher herbeigeführt werden. Die Ausgänge in Induration, Atrophie mit charakteristischen Narben, totale Xerose, wie die unheilbaren Ausgänge einer charakteristischen Corneal-Affection sind erst nach einer unbestimmbaren Zahl von Jahren zu erwarten und können, zu verschiedenen Höhegraden gelangt, stationär bleiben.

Diese Eigenschaften als allen folliculären Entzündungen gemeinsam voraussetzend, gehe ich zu dem Krankheitsbilde, wie es in der anämischen Schleimhaut zur Beobachtung kommt, als demjenigen, an welchem wir die Eigenthümlichkeiten des Processes am deutlichsten erkennen, über.

Bei Gelegenheit von Massenuntersuchungen augenkranker Arbeiter, Soldaten, Schulkinder etc. findet man auf einem für gesund gehaltenen Auge neben dem convexen Rande des Tarsus eine Reihe disseminirter, gelber, scheibenförmiger Einlagerungen in die Conjunctiva, deren jede etwa $1/_2$—1 mm im Durchmesser hat.

Ob man jedes graugelbe rundliche Gebilde in der Conjunctiva für den Vorboten einer später den ganzen Tractus conjunctivae einnehmenden Entzündung halten soll, ist eine Frage, die sich nur empirisch beantworten lässt.

Ich habe solche Scheiben in der Mitte des Tarsus und auch kuglige Neubildungen (?) im Grenzstreifen gesehen, die kamen und gingen oder excidirt wurden, ohne dass in den nächsten Jahren eine folliculäre Entzündung entstand.

Noch sehr viel häufiger sieht man bei jugendlichen Individuen, meist Mädchen im Alter von etwa 12 Jahren, in den Falten des unteren Übergangstheiles graue, quer-ovale Gebilde von der drei- bis vierfachen Grösse der oberen Tarsal-Follikel, die Jahre lang reizlos bestehen, meist spontan verschwinden, ohne Nachtheil excidirt werden können und jedenfalls in keiner directen Beziehung zu folliculären Entzündungen stehen.

Dagegen habe ich nie am convexen Rande des oberen Knorpels die kleinen platten Scheiben sich als Kügelchen erheben gesehen, ohne dass eine diffuse Infiltration nachfolgte.

Sehr selten wollen die Kranken schon in diesem Stadium von subjectiven Beschwerden etwas wissen. Auf Befragen geben sie mitunter einen geringen Grad von Schwere des oberen Augenlides namentlich Abends bei künstlicher Beleuchtung zu, die Empfindung, wie beim Herannahen des Schlafes, als ob das Lid sich nicht vollkommen heben wolle.

Spätestens nach einigen Wochen haben die Scheiben sich zu Kugeln von über 1 mm Durchmesser erhoben, sie überragen also etwas das Niveau der Conjunctiva, deren diffuse Infiltration wir an dem schwachen Durchschimmern des Knorpels (Meibomsche Drüsen) erkennen. Nach dem Spiegelreflex zu urtheilen ist das Epithel noch glatt oder über den meist prominirenden Kugeln unregelmässig (fein gestichelt), in der nächsten Nähe des freien Lidrandes, je mehr die Follikel sich demselben nähern, desto mehr defect, so dass der Lidrandstreifen eine blassrothe, auf die innere Kante übergehende, secernirende Fläche darstellt, Lidrand unter vermehrter Wölbung des Lidknorpels an das Auge etwas fester angedrückt. — Subjective Beschwerden fehlen mitunter, aber das Gefühl von Schwere des oberen Lides ist durchschnittlich störender. Objectiv erscheint die Secretion unverändert, während die Patienten mitunter über Trockenheit, mitunter über Nässe im äusseren Augenwinkel klagen.

Die Form der Follikel hängt unzweifelhaft von den Widerständen, die sie im Wachsen zu überwinden haben, ab. Zwischen dem Tarsus und den Epithellagen der Conjunctiva eingeengt, erscheinen sie anfangs als Scheiben, — im Grenzstreifen, auf der plica semilunaris und in der äusseren Commissur treten sie sofort als Kugeln auf, die in den Falten des ersteren wohl etwas grösser erscheinen, als sie wirklich sind. Im unteren Übergangstheile werden sie durch Druck gegen den Augapfel quer elliptisch, auf dem unteren Tarsus aus demselben Grunde eher flach, als kugelförmig. Im oberen Übergangstheile scheinen sie, je mehr sie sich der C. bulbi nähern, desto mehr kleinen Halbkugeln, wie wir sie auf der C. bulbi und am Cornealrande antreffen, zu gleichen. Es können viele Wochen vergehen, ehe einige Follikel in das zweite Stadium (Raehlmann) treten, d. h. die Epithellagen durchbrechen, ihre Hülle sprengen und nun mehr in die Breite, als in die Höhe, wachsen, als pilzförmige Excrescenzen mit unregelmässig kreisförmigem Contour und zerklüftetem, breiartigem Inhalte das Niveau der Conjunctiva und der zwischen ihnen liegenden, weniger weit vorgeschrittenen Kugeln überragen. Um diese Zeit pflegt das obere Lid schon „muldenförmig verbogen", der M. orbicularis deutlich contrahirt zu sein, ohne dass deswegen die Wimpern das Auge berühren. Gesunde Wimpern fallen aus. — Der Lidrandstreifen der Conjunctiva ist wund, feucht, die innere Kante excoriirt. Bei vermehrter Thränensecretion pflegt auch die Haut neben der äusseren Commissur oberflächlich wund zu werden, bald darauf die temporale Hälfte des intermarginalen Theiles. Ist Beides der Fall, so können jetzt schon einzelne blasse Wimpern dicht vor den Mündungen der Tarsaldrüsen hervortreten (Trichiasis). — Im Grenzstreifen werden graue, kuglige Follikel zwischen breiten Schleimhautfalten sichtbar. — Selbst in diesem Stadium richten sich die subjectiven Beschwerden noch nach der Beschäftigung und Indolenz der Patienten: ländliche Arbeiter finden oft genug noch keine Veranlassung, ärztliche Hilfe zu suchen, dagegen pflegen Schüler bei ihren abendlichen Arbeiten durch Schmerz, Mangel an Ausdauer, Thränen schon erheblich gestört zu werden, Soldaten klagen namentlich nach Märschen auf staubigem Terrain über Reiben unter dem oberen Lide, vermehrte Secretion und undeutliches Sehen. Der volle Gebrauch des Auges ist nur ausnahmsweise möglich, Schwere des oberen Lides wird allgemein zugegeben, in einzelnen Fällen aber ist es erstaunlich, mit welcher Ausdauer selbst feine Handarbeiten noch ausgeführt werden.

Der Leser, der sich der oben angegebenen anatomischen Data erinnert, wird es erklärlich finden, dass die Entzündung des Lidrandstreifens an dem unmittelbar unter ihr liegenden Bindegewebe, mit dessen Cilienboden die Conjunctiva zum Überfluss sich noch in die Ausläufer des M. Riolani theilt, nicht spurlos vorübergeht, und eben so wenig, dass der Rand der dünnen, die Ausführungsgänge der Tarsaldrüsen einschliessenden Platte, der zuerst excoriirt wird, während der Vernarbung sich retrahirt, „schwindet". Ebenso kann es zu entzündlicher Infiltration und

5*

Schwund des vor den Mündungen der Tarsaldrüsen liegenden
Bindegewebes (intermarginaler Theil) kommen, bis schliesslich
Haut, Cilienboden, Ausführungsgänge der Tarsaldrüsen und Conjunctiva mit einander stellenweise verwachsen. Man muss wenig
Intermarginalschnitte gemacht haben, wenn man diese Adhäsionen
nicht kennen und nicht wissen soll, dass alle Schwierigkeiten
aufhören, sobald man die Knorpelplatte unter dem Messer hat.
Ist eine grössere Zahl von Follikeln in das zweite Stadium getreten,
so pflegen die ersten Symptome localer Schrumpfung nicht sehr lange
auf sich warten zu lassen. Sie schreiten zu allmählich fort, als dass
ihnen das blosse Auge folgen könnte; wollte ich den mikroskopischen
Vorgang beschreiben, so müsste ich Raehlmann's Darstellung wörtlich
citiren. Ich muss mich darauf beschränken, zu skizziren, wie nach
längerer Zeit die Conjunctiva beschaffen scheint: auf derselben Schleimhaut findet sich weisses, undurchsichtiges, glattes Narbengewebe (Sclerose)
neben Stellen, die noch von ulcerirten Follikeln eingenommen werden,
neben anderen Stellen, an denen man durch eine atrophische, von linearen,
hellgrauen, kürzeren oder längeren Narbenstreifen durchzogene Bindehaut, einzelne normale, andere durch Infarcte verstopfte Tarsaldrüsen
hindurchschimmern sieht. Ein 3—4 mm vom Lidrande entfernter, diesem
paralleler Narbenstreifen kann als pathognomonisch für das dritte Stadium
der folliculären Conjunctivitis gelten. — Ist die innere Lidkante erweicht oder retrahirt und die Resistenz des intermarginalen Theiles durch
Atrophie geringer geworden, so kann der ganze Bindegewebsstreifen bis
zum Knorpelrande durch den contrahirten M. orbicularis so nach hinten
umgerollt werden, dass die Cilien einen Bogen von 180° und darüber
beschreiben (Entropion des freien Lidrandes) und mit ihren Spitzen
gegen die Übergangsfalte gerichtet sind.

Dass in diesem Stadium Narbenbildungen vorkommen, welche
die Verbiegung des Knorpels erklären können, wie Raehlmann
sie beschrieben hat, soll selbstverständlich nicht bestritten werden,
aber ob diese Narbenzüge der Form des Knorpels gefolgt sind
oder dieselbe erzeugt haben, darüber wird die pathologische
Anatomie ohne Hilfe der klinischen Beobachtung schwerlich ein
entscheidendes Urtheil abzugeben im Stande sein. — Wünschenswerth wäre es aber, von der pathologischen Anatomie darüber
Auskunft zu erhalten, ob der charakteristische, dem Lidrande
parallele Narbenstreifen mit der Grenze der adenoiden Substanz
zusammenfällt. —

Ehe ich mich zu den anderen Theilen der Conjunctiva wende, noch

einige Worte über die Constanz des Krankheitsbildes! So weit dasselbe
die Veränderungen der Follikel und der lymphoid infiltrirten Conjunctiva
darstellt, darf es als constant angesehen werden. Abweichungen finden
sich nur in den Veränderungen des Lidrandes: die Excoriation der äusseren Commissur und des intermarginalen Theiles mit frühzeitiger Trichiasis
und Blepharophimosis habe ich nur bei vermehrter Secretion beobachtet, —
das Zurückweichen (Abrundung, Schwund) der inneren Lidkante fehlt
selten, kann aber ohne Trichiasis bestehen, wenn der Cilienboden relativ
frei, der intermarginale Theil normal breit bleibt. — Entropion bis zur
Berührung normal gestellter Wimpern mit dem Auge ist relativ selten,
Retroversion des Bindegewebsstreifens, wobei die neue innere Kante sich
beim Lidschlusse an die Sclera anlegt, sehr häufig.

　　Die allgemeine „Schrumpfungs-Theorie" hat zu einer Coordi-
nation der Trichiasis und des Entropion geführt, die durchaus
ungerechtfertigt ist. Neubildung von Cilien in der Nähe der
inneren Lidkante finden wir bei vollkommen erhaltenem, intermarginalem Theile als Folge einer von der Conjunctiva auf den
Cilienboden übertragenen Entzündung, dagegen setzt das „Entropion trachomatosum" immer Verlust oder Erweichung der inneren
Kante voraus und hat mit der Entzündung des Cilienbodens
nichts zu schaffen. Was soll man aber zu Lehrbüchern sagen,
die von Trichiasis sprechen, wenn das Entropion des freien Lidrandes so hochgradig ist, dass die Spitzen der normal gegen
die Lidfläche stehenden Cilien das Auge streifen?

　　Schrumpfungsstadien der C. follicularis ohne Trichiasis und Entropion kommen also vor und gehören nicht einmal zu den Seltenheiten,
aber nie habe ich eine Schrumpfung ohne Verbiegung des Knorpels und
Contraction des M. orbicularis gesehen.

　　Auch diese Beobachtung ist schwer mit den Schilderungen
derjenigen Autoren in Einklang zu bringen, die, wie Schweigger,
den Muskel sich erst contrahiren lassen, wenn falsch stehende
Cilien das Auge reizen. Man hätte doch wenigstens Acht geben
müssen, wie oft die erhöhte Muskelspannung in reizlosen Augen
ohne Trichiasis vorkommt, wenn man es überhaupt für nöthig
hielte, auf einen Symptomcomplex Acht zu geben. — Und nicht
weniger hätte man ein Verhältniss zwischen dem Grade der
Knorpelschrumpfung und den Veränderungen der inneren Kante
suchen müssen, wenn letztere von der ersteren abhinge. Dem
Suchenden würde dann jede flüchtige Musterung eines nicht zu
kleinen, poliklinischen Materials gezeigt haben, dass die innere

Kante sehr häufig abgerundet oder geschwunden ist, wo auch die fruchtbarste Phantasie Consequenzen der Narbenschrumpfung nicht ersinnen kann, weil es an Objecten, die sich im Stadium der Schrumpfung befinden, fehlt. — Es sind also nicht allein theoretische, vollkommen berechtigte Gründe, die sich gegen die Alles erklärende Schrumpfung geltend machen lassen, wie z. B. der, dass noch Niemand versucht hat, den Mechanismus, die Wirkung der Bindehautnarben auf die innere Kante begreiflich zu machen, sondern der durchschlagende Einwand, von dessen Richtigkeit man sich täglich durch Beobachtung überzeugen kann, dass die vermeintliche Folge lange bestehen kann, ehe sich die ersten Vorboten der Ursache zeigen.

Die subjectiven Symptome variiren am meisten. Bleibt die Hornhaut klar, so kommt es nicht selten vor, dass Kranke, deren Bindehäute die unverkennbaren Narben zeigen, auf wiederholtes Fragen versichern, nie an den Augen gelitten zu haben, — Andere, die Ausnahmen, werden schon bei den ersten objectiven Symptomen von Lidschwere und Trockenheit des Auges belästigt. Im Allgemeinen sind die subjectiven Beschwerden, wenn catarrhalische Symptome fehlen, unbedeutend.

Die Spannung des M. orbicularis glaube ich für diejenigen Fälle, die sich durch starke Infiltration und reichliche Follikelbildung ohne Hyperämie auszeichnen, als ein constantes Symptom ansprechen zu dürfen, und halte es für wahrscheinlich, dass gerade sie und sie allein es ist, die dem Patienten ein so charakteristisches Aussehen giebt, dass wir viele Diagnosen aus dem ersten Eindruck, ohne das Augenlid untersucht zu haben, richtig stellen. Wie viel dazu die Form des Knorpels und namentlich die Stellung des freien Lidrandes beitragen mag, wage ich nicht auseinander zu halten. —

Die Vorgänge in der Conjunctiva bulbi, der Cornea, dem Thränensacke zu besprechen, behalte ich mir für eine andere Gelegenheit vor. Was bisher ausgeführt wurde, bezog sich nur auf die obere Tarsal-Conjunctiva, jedenfalls denjenigen Theil des ganzen Tractus, an dem die Entwicklung der Krankheit sich am vollkommensten beobachten lässt; denn für die makroskopische Untersuchung kann es kaum etwas Günstigeres geben, als ein durchsichtiges, über einen in all seinen Details genau bekannten Hintergrund unbeweglich ausgespanntes Object.

Im Grenzstreifen beginnt der Process mit dem Auftreten grauer, kugliger Follikel und starker Faltenbildung, später liegen ulcerirte Follikel dicht gedrängt neben einander, man muss den Streifen ectropioniren, um die verdickte Schleimhaut übersehen zu können. Dann findet man die Falten verstrichen, eine glatte, von spärlichen Gefässen durchzogene Fläche.

Auf der Plica semilunaris und in der Commissura externa erscheinen die Follikel ebenfalls sofort als graue Kugeln von $\frac{1}{2}$ bis 1 mm Durchmesser, erreichen eine Grösse von 3 bis 4 mm, bleiben lange im ersten Stadium und können verschwinden, ohne in das zweite einzutreten.

Am unteren Lide äussert sich der Process, den anatomischen Verhältnissen entsprechend, in einer abweichenden Gestalt. Im Gegensatze zum Follicular-Catarrh pflegen die charakteristischen Follikel später, als oben aufzutreten, die Scheibenform ist seltener (vielleicht weil die Conjunctiva weniger fest mit dem Tarsus verbunden ist), die Menge der Follikel meist geringer. Die Übergangsfalte ist ödematös, verdickt, drängt sich beim Abziehen des Lides in breiten, horizontalen Falten, deren Höhen und Tiefen mit platt gedrückten Follikeln bedeckt sind, hervor, zeigt aber relativ früh durch den Widerstand gegen einen Zug an der Hautfläche und durch ihre geringere Wölbung den Anfang des dritten Stadiums, durch die zum Bulbus führenden Narbenstränge (Symblepharon posterius) die Intensität der Schrumpfung, wenn an der oberen Übergangsfalte auch beim Blick nach unten ähnliche Erscheinungen noch nicht wahrzunehmen sind. —

Auch dieses einfache Krankheitsbild, das der Differentialdiagnose keine Schwierigkeiten bietet, variirt, je nachdem der Process sich früh local erschöpft oder in zahllosen Recidiven den ganzen Tractus conjunctivae zerstört, je nachdem er die ganze Dicke oder nur einen mehr oberflächlichen Theil des Stratum conjunctivae ergreift, der Verlauf ist es aber weniger, an dem die Abweichungen vom typischen Bilde sich zeigen, als die Ausgänge. Als das eine Extrem können wir die Umwandlung der ganzen Schleimhaut in Narbengewebe bis zur Xerosis der C. bulbi und der Cornea, als das andere Extrem eine etwas stärker reflectirende, weniger durchsichtige Conjunctiva, in der sich einige lineare Narben angedeutet finden, bezeichnen. Zwischen beiden liegen eine Menge Verschiedenheiten der Intensität und der Verbreitung, die sich nicht erschöpfend darstellen lassen. Im Ganzen gehört das Bild, das den folliculären Process am reinsten erkennen lässt, zu den Ausnahmen. Die Anämie, auf deren mögliche Gründe ich noch zum Schluss zurückkomme, halte ich nicht für eine Folge der Infiltration, wie wir sie von der Diphtheritis her kennen, sondern für eine Eigenschaft gewisser Bindehäute, die mit dem folliculären Processe in keinem Zusammenhange steht.

Die unter Hyperämie verlaufenden Processe zeigen sich in so ausserordentlich verschiedenen Krankheitsbildern, dass ich es nicht wagen möchte, eines derselben als Typus aufzustellen. Ich glaube, auf die verschiedenen Formen durch ein complicirtes Beispiel, wie wir es in der Praxis häufig antreffen, am besten vorbereiten zu können.

Ein durch seine Erwerbsthätigkeit gewissen Schädlichkeiten, die eine chronische Conjunctivitis unterhalten, ausgesetzter Arbeiter wendet sich an den Arzt, weil seine Augen seit einigen Tagen reizbar geworden seien, die Augenlider über Nacht verkleben, bei Tage durch Thränen und Schleimabsonderung sein Sehvermögen trüben. Subjectiv klagt er über ein Gefühl von Hitze im Auge, über die Empfindung, als sei ein fremder Körper unter das obere Lid gerathen, über Schwere des oberen Augenlides, die Abends zunehme. Bei der Untersuchung zeigt sich die untere Conjunctiva tarsi dunkelroth, feinwarzig, undurchsichtig, — der Übergangstheil hyperämisch, faltig, auf der Höhe der Falten einige lymphoide Gebilde, — die obere Conjunctiva des Tarsus der unteren entsprechend, aber wenn wir durch starken Fingerdruck die Hyperämie vermindern, tauchen in der Tiefe zahlreiche gelbliche Scheiben (kaum 1 mm im Durchmesser) auf, — der Grenzstreifen hyperämisch, geschwollen, — die äussere Commissur und die angrenzende Haut oberflächlich excoriirt, — Secret an der Basis der Wimpern, in der unteren Übergangsfalte in Gestalt länglicher Schleimfäden, — oberes Augenlid schlaff herabhängend, Haut mitunter etwas geröthet, faltig, Orbicularis entspannt.

Nehmen wir an, dass der Kranke aus äusseren Gründen die Arbeit, in Folge deren Hyperämie und Schwellung der Conjunctiva zunehmen, fortsetzen muss und ein Mal täglich mit einer schwachen Blei- oder Argentum-Lösung oder, was unter diesen Umständen im Erfolge gleichbedeutend ist, gar nicht behandelt wird, so gestaltet sich der weitere Verlauf der Krankheit auf der oberen Conjunctiva tarsi ungefähr folgendermaassen: Die Conjunctiva wird dunkler roth, dicker, die niedrigen Wärzchen erheben sich zu kleinen papillären Auswüchsen, die mit einander verschmelzen können, aber an anderen Stellen zeigt sich die Schleimhaut fast regelmässig kuglig gehoben, Erhebungen von etwa 1 mm Durchmesser, deren Oberfläche das bekannte, feinwarzige Aussehen hat, oder von den papillären Erhebungen bedeckt wird. Meist gelingt es noch, durch Fingerdruck die Blutfülle so weit zu vermindern, dass man an den runden Erhebungen in der Tiefe einen grauen Farbenton wahrnimmt, der bis unter die Oberfläche der Zotten zu dringen scheint. Das Secret hat zugenommen, ist von schleim-eitriger Beschaffenheit.

Im weiteren Verlaufe verwandeln sich die kugligen Erhebungen entweder in unregelmässig runde, abgeplattete von doppeltem bis dreifachem Durchmesser, oder es treten zwischen den oberflächlichen Wucherungen der Conjunctiva graurothe Excrescenzen von derselben Form mit zerklüfteter, rissiger Oberfläche hervor, die ersteren den Platz streitig machen und durch gegenseitige Abplattung ihre Contouren verändern. Sie unterscheiden sich von den Producten der traumatischen Conjunctivitis durch ihre Consistenz, durch den verschiedenen Blutgehalt, dadurch, dass die aus der Tiefe hervorgedrungenen einen Inhalt haben, der sich entleeren lässt, und dass die einen, wie sehr sich ihre Wandungen auch bedrängen mögen, an der Basis getrennt sind, während die anderen confluiren.

Es leuchtet ein, dass die neuen Prominenzen die einen als geborstene Follikel, die ihre dicke Decke nicht überwinden können, die anderen als geborstene Follikel nach dem Durchbruch durch die Epithelschichten aufzufassen sind.

Allmählich verschwinden die neuen Gebilde, an deren Stelle graue Narbenzüge treten, die Conjunctivalwucherungen können weiter wachsen oder allmählich flacher werden; die Ausgänge sind: entweder eine verdickte, mit papillären Wucherungen bedeckte Conjunctiva von auffallend fester Beschaffenheit und einer gewissen Härte in der Tiefe, die nach einigen Scarificationen wenig mehr blutet und Neigung zur Schrumpfung zeigt, — oder eine sich sehr allmählich glättende, lange noch hyperämische Oberfläche, durch die man narbige, graue Streifen hindurchschimmern sieht, bis die Hyperämie mehr und mehr verschwindet, die Narbenfläche in demselben Verhältnisse zu Tage tritt.

Das Beispiel soll den Übergang zu den hyperämischen Entzündungen bilden und die für die letzteren charakteristischen Symptome verständlich machen. Es gehört in Gegenden, in denen die ländliche Arbeiterbevölkerung regelmässige ärztliche Behandlung scheut, oder den Arzt nicht erreichen kann, nicht zu den Seltenheiten. Eine reine Form der folliculären Entzündung stellt es in so fern nicht dar, als der Process in einer chronisch degenerirten und unter schädlichen äusseren Einflüssen weiter degenerirenden Schleimhaut sich abspielt. Irre ich nicht, so dürfte das Krankheitsbild zu denen gehören, die man unter dem Collectivnamen der „Blennorrhoea chronica" zusammengefasst hat, aber die Veränderungen der Conjunctiva sind so wenig blennorhoisch, als eine prolabirte, unsauber gehaltene, fortwährenden Insulten ausgesetzte Vagina an einer Blennorrhoea vaginae leidet. Die Hyperämie, Verdickung, die granulirende Oberfläche und das Secret sind Symptome einer chronischen, traumatischen Conjunctivitis, die entartete Conjunctiva kann ebenso, wie eine normale,

von einer folliculären Entzündung ergriffen werden, deren Erscheinungen
allerdings mit denen, die an einer schlaffen, anämischen Conjunctiva zur
Beobachtung kommen, kaum noch eine Spur von Ähnlichkeit haben. —
Was wir so eben als einheitliches Bild zweier von einander unab-
hängiger Krankheitsprocesse auf derselben Schleimhaut kennen gelernt
haben, ähnelt im Charakter dem Bilde der acuten folliculären Conjunctivitis, in dem folliculäre Infiltration und Hyperämie gleichzeitig
auftreten.   Je nachdem die eine oder die andere prävalirt, variiren die
Symptome.   Ich will im Folgenden zwei typische Bilder getrennt zu
geben versuchen:
    1. Nachdem längere Zeit vorher namentlich Abends eine gewisse
Schwere des Lides und geringe Sehstörungen bemerkt worden sind, oder
auch ohne alle Prodrome wird der Kranke von dem schnell zunehmenden
Gefühle eines Fremdkörpers unter dem oberen Lide überrascht, die oberen
Lider werden röther, etwas wärmer, lassen sich nicht mehr frei heben,
das stark thränende Auge schmerzt, „brennt", ist gegen Licht empfind-
lich. — Der Arzt findet die oberen Lider etwas ödematös, den Orbicularis stark contrahirt, den freien Lidrand gegen das Auge gerichtet, objectiv einige Temperatursteigerung.   Beim Öffnen der Lider,
das durch den contrahirten Muskel sehr erschwert wird, fliessen Thränen
aus dem Auge, die C. bulbi ist leicht chemotisch, weniger transparent,
Injection der conjunctivalen Gefässe gering, die der pericornealen, subconjunctivalen lebhafter. — Den convexen Rand des ectropionirten,
oberen Lides begrenzt ein ödematöser, grauer, von grösseren Gefässen
durchzogener Saum, der entzündlich geschwollene Grenzstreifen, in
die kaum durchsichtige C. tarsi sind der Mehrzahl nach kuglige, wenn
auch noch wenig erhabene Follikel eingebettet, zwischen dieselben sind
kleine Gruppen gelblicher Scheiben eingestreut.   Der gesammte Farbenton der Bindehaut ist ein röthlicher, ausgesprochen roth, wo sich
keine circumscripten Einlagerungen finden, blassroth mit einem Stich ins
Graue, wo die Follikel ihren Reflex hinzuthun, — der Charakter der
Schleimhaut ist von der normalen oder catarrhalischen ebenso verschieden, wie von der diphtheritischen: sie erscheint entschieden verdickt,
aber nicht durch ein festes Infiltrat starr geworden, sondern ödematös,
als wäre sie vom Tarsus durch ein minimales Transsudat getrennt.
    Schon in den ersten Tagen, meist unter abendlichen Exacerbationen,
steigern sich die Reizerscheinungen und subjectiven Klagen, die Secretion
nimmt zu, behält aber den Charakter der Thränen, der Orbicularis-
Krampf wächst, in dem Grenzstreifen des oberen Lides, der lebhafter
injicirt, geschwollen und gefaltet ist, zeigen sich die ersten graurothen

Follikel, auf der C. tarsi sind die scheibenförmigen Infiltrate nicht mehr sichtbar, die kugligen haben sich erheblich über die Oberfläche gehoben, der Zahl nach vermehrt, ihre Wand ist von feinen Gefässen durchzogen; an den dunkelrothen Partien ist das Epithel verloren gegangen, feine Wärzchen geben ihnen ein granulirtes Aussehen, gleichviel ob sie wie Thäler zwischen den Follikeln erscheinen oder durch aus der Tiefe sich erhebende Follikel in die Höhe gedrängt werden. Der Lidrandstreifen der Conjunctiva ist roth, feucht, selten granulirt, die Epidermis neben dem inneren Lidrande abgestossen, anstatt ihrer eine diffuse, leicht geröthete Fläche, in der die Mündungen der Tarsaldrüsen undeutlich werden, die Haut neben der äusseren Commissur oberflächlich wund, ebenso die nächste Nachbarschaft des intermarginalen Theiles.

Unter steigendem Gefühl von Hitze, Schwere und oft unter nicht geringen Schmerzen erfolgt in grösseren oder kleineren Flecken der Aufbruch der Follikel, während an anderen, immer noch dunkelrothen Stellen die feinen Wärzchen verschmelzen und in Zottenform bis zu $\frac{1}{2}$ mm und darüber in die Höhe wachsen oder zu unregelmässigen Prominenzen von 1 bis 2 mm Breite verschmelzen. Wo unter ihnen Follikel verborgen sind, entsteht das in dem ersten Beispiele geschilderte Bild. Die Ectropionirung wird durch den Krampf des Orbicularis immer mehr erschwert, von der Hautfläche aus gesehen erinnert die Wölbung des Lides an Arlt's muldenförmigen Knorpel, der Lidrandstreifen, die äussere Commissur, die temporale Hälfte des intermarginalen Theils sind stärker geröthet, mit Flüssigkeit bedeckt, mitunter schiessen schon jetzt dicht vor den Mündungen der Meibomschen Drüsen aus dem excoriirten Rande die ersten neuen Wimpern empor (Trichiasis), die sich von späteren durch ihr normales Aussehen zu unterscheiden pflegen, die innere Lidkante ist von einer niedrigen, diffusen, weichen Granulationsschicht bedeckt (abgerundet). — Der Totaleindruck der Conjunctiva ist prävalirend der einer folliculär entzündeten, wenn auch die offenen, grauen Follikel oberflächlich vascularisirt, die Interstitien zwischen einzelnen von blutrother, dicker, granulirender Schleimhaut ausgefüllt sind. — Im letzten Stadium kann die innere Lidkante in Folge von Atrophie, Schrumpfung des Bindegewebes zurückweichen (schrumpfen), es kann durch secundäre Entzündung oder Compression des Cilienbodens Trichiasis bestehen bleiben, durch Muskeldruck gegen den widerstandsunfähigen Rand Entropion sich ausbilden, in der Conjunctiva tarsi wechseln breite, weisse, undurchsichtige Plaques, Zeichen für die Intensität der lymphoiden Infiltration, mit durchscheinenden graurothen, von linearen Narben durchzogenen Stellen und prominirenden dunkelrothen Knöpfen

(Verdickungen der Oberfläche) auf weissem Grunde. Die Übergangs-falten sind verkürzt, mehr oder weniger strangförmig gegen das Auge gezogen (Symblepharon posterius). Die Augenlider bei verengter Lid-spalte (Blepharophimosis) in Höhe und Breite verkürzt, die Knorpel muldenförmig, die Schliessmuskel contrahirt.

2. In der Regel ohne Vorboten erkranken die Patienten plötzlich unter den oben angegebenen Symptomen. Der Arzt findet das obere Augenlid geröthet, die Temperatur erhöht, bei der Betastung resistenter, als ein normales, aber den Muskel nicht gespannt, den freien Lidrand nicht retrovertirt. Bei dem Versuche, das Auge zu öffnen, leistet der Muskel keinen erheblichen Widerstand, aber der Kranke klagt über lebhaften Schmerz, es entleeren sich reichliche, warme Thränen. Die Conjunctiva bulbi chemotisch, etwas diffus getrübt, Conjunctivalgefässe bis in die Nähe der Cornea injicirt, ebenso unter ihnen die subcon-junctivalen Verzweigungen der vorderen Ciliaren bis an oder in den Limbus. Das Ectropioniren des oberen Lides ist sehr schmerzhaft, wegen geringerer Spannung des Orbicularis relativ leicht, Grenzstreifen geschwollen, diffus roth, Conjunctiva tarsi undurchsichtig, geschwollen, mehr weniger blutroth, an der Oberfläche glatt oder fein getüpfelt. — Man glaubt, den Anfang einer Blennorrhoe vor sich zu haben, aber das Aussehen der Conjunctiva bulbi, die Resistenz des oberen Lides, die ver-hältnissmässig geringe Röthe und Schwellung der Haut, und selbst der hellere Farbenton der Conjunctiva bulbi erwecken Zweifel. Ein starker Fingerdruck auf die ectropionirte Fläche ist das experimentum crucis, durch das wir die Hyperämie vermindern und eine Menge gelber Scheiben in der Tiefe der Conjunctiva hervortreten lassen. Damit ist die Diagnose entschieden. Wer an präexistirende Follikel und eine erworbene Blen-norrhoe glaubt, den belehren die nächsten Tage eines Besseren; denn, wie es für alle folliculären Processe charakteristisch ist, entwickelt sich die Hyperämie mit ihren Folgen relativ langsam und erreicht kein Extrem, während die Follikel und die resistente, lymphoide Infiltration dem Bilde immer mehr ihren Charakter geben und ihre bestimmten Stadien durch-machen.

Die rothe, anfangs glatte Decke verliert, wie oben gezeigt wurde, bald ihr Epithel, nach und nach zeigen sich auch die papillenartigen, breiten oder platten Erhebungen, aber fast von Tag zu Tage sieht man die Zahl regelmässig kugliger Erhebungen von $1/2$ bis 1 mm an Menge zunehmen und mit wachsender Höhe durch die dunkle Röthe einen grauen Farbenton aus der Tiefe hindurchleuchten, bis die veränderte Form und der grössere Umfang das zweite Stadium erkennen lässt. Die

starke Dickenzunahme der hyperämischen Schicht, ihre Blutmenge, Wund-
wucherungen und Epithelveränderungen können bewirken, dass wir während des ganzen Verlaufes keinen nackt daliegenden grauen Follikel zu
Gesicht bekommen, aber die Diagnose ist nichts desto weniger so sicher,
wie in allen bisherigen Bildern.

Dem entsprechend entfernt sich der Symptomcomplex mehr und
mehr von dem der Blennorrhoe und bekommt seinen eigenen, von der
Hyperämie und consecutiven Transsudation abhängigen Charakter. Das
Augenlid wird in allen Dimensionen voluminöser, breiter und höher, der
Orbicularis ist schlaff, wie in infiltrirtem Gewebe, das Secret wird
dem catarrhalischen ähnlich, der Lidrandstreifen der Bindehaut dunkelroth, mit Wärzchen, die sich zu 1 bis 2 mm hohen Zotten erheben können,
bedeckt, die innere scharfe Kante wird durch eine dunkelrothe Wundfläche ersetzt, die Haut neben der äusseren Commissur und der
intermarginale Theil excoriirt — es scheint, als müsse der lange wäh-
rende Process die Conjunctiva mehr degeneriren lassen, als die intensivste
Blennorrhoe. Aber mit dem dritten Stadium, mit der Zeit, in der die
Follikel verschwinden, die lymphoide Infiltration den Übergang in Narbengewebe erkennen lässt, ist auch die Zeit der Rückbildung für die
Veränderungen der Oberfläche herangerückt, die Schleimhautwucherungen
werden niedriger, fester, weniger blutreich, — die granulirenden Flächen
des Lidrandstreifens und intermarginalen Theils verwandeln sich
in glattes Narbengewebe, die hintere Wand des Bindegewebsstreifens
sinkt zurück, die Mündungen der Tarsaldrüsen schliessen sich, aber der
Gefässreichthum lässt es nicht so leicht zur Atrophie des Cilienbodens mit Trichiasis kommen, und der durch die hyperämische
Lidschwellung gedehnte, schlaffe Orbicularis giebt weder dem
Knorpel die Muldenform, noch vermag er, auch wenn die innere Kante fehlt, den Bindegewebsstreifen zu retrovertiren,
Entropion zu erzeugen.

Je mehr die lymphoide Infiltration prävalirt, desto mehr Orbicularis-
Krampf, Verbiegung des oberen Lides, Trichiasis, Entropion, — je stärker
die hyperämische Schwellung, desto schlaffer der Muskel, desto ebener
der Knorpel, desto seltener Trichiasis und Entropion, wenn auch im
Laufe der Jahre die Reste der oberflächlichen Wucherungen
mehr und mehr schwinden, die Conjunctiva tarsi vollkommen
in Narbengewebe verwandelt wird! —

Wie der Leser sieht, ist der folliculäre Entzündungsprocess im Wesentlichen so stereotyp, dass sich ohne Zwang verschiedene Arten nicht gut
annehmen lassen: subacut, acut, hyperacut mögen diejenigen genannt

werden, die entweder sofort unter mehr weniger entzündlichen Symptomen einsetzen oder ähnlich exacerbiren. Raehlmann's drei Stadien der Follikel - Entwicklung sind anatomisch gerechtfertigt und praktisch sehr brauchbar, gelten aber selbstverständlich nur für die einzelnen Follikel und nicht für die ganze Conjunctiva, in der wir von verschiedenen Eruptionen Follikel in verschiedenen Stadien gleichzeitig antreffen. Auf das Verdienst, einen Collectivnamen für eine Conjunctiva zu erfinden, die vor Jahren Narben einer chronischen Infiltration zurückbehalten, seit einigen Monaten in das zweite Stadium einer acuten Eruption getreten ist und heute die ersten Scheibchen einer neuen Erkrankung aufweist, verzichte ich gern.

Von einer Differentialdiagnose kann nur die Rede sein, wenn wir den Anfang nicht sehen, oder wenn eine Complication besteht. So simpel es klingen mag, für das erste Stadium genügt der Satz: jede mit Follikelbildung beginnende Krankheit der Conjunctiva ist eine folliculäre. — Zweifel sind nur möglich, wenn Follikel in einer durch alte Entzündungen verdickten, undurchsichtigen, rothen Bindehaut entstehen oder später bei starker Hyperämie durch oberflächliche Wucherungen verdeckt werden.

Erkrankt eine verdickte, rothe Conjunctiva an einer folliculären Entzündung, so erkennt man bei künstlicher Blutleere durch Compression in der Tiefe junge, folliculäre Producte. Dadurch dass sie sich zu Kugeln umgestalten oder unter der dicht vascularisirten Decke in das zweite Stadium treten, erhebt diese sich ohne Veränderungen ihrer Oberfläche an verschiedenen Stellen zu kleinen Hügeln von kugel- oder pilzförmiger Gestalt. Kommt es zum Durchbruche, so ergiebt sich die Diagnose von selbst, aber auch ohne Durchbruch hat sie keine Schwierigkeit; denn Verdickung und Hyperämie sind alt, während die Form der durchschimmernden Follikel mit Sicherheit auf eine frische Infiltration hindeutet. Finden wir eine solche Conjunctiva bei der ersten Untersuchung schon mit zapfenoder buckelförmigen Erhabenheiten, die durch gegenseitige Abplattung die verschiedensten Gestalten annehmen können, bedeckt, so haben wir folgende Criterien: 1. bei künstlicher Blutleere das Durchschimmern grauer Gebilde, 2. erhöhte Resistenz, wo Follikel im zweiten Stadium verdeckt sind, 3. eine ausgesprochen kuglige oder pilzförmige Gestalt, Hervortreten des krümlichen Inhaltes auf Druck oder nach oberflächlichen Scarificationen, 4. Anämie der Conjunctiva nach wenigen Scarificationen, 5. anamnestische Angaben über den ganzen Verlauf und besonders über das Secret, 6. das Verhalten des freien Lidrandes, des M. orbicularis, die Form des Lides. —

Ätiologie und Prognose übergehe ich, weil ich mich bei der ersteren auf zweifelhafte, historische Angaben, anstatt auf hygienische und bacteriologische Vorarbeiten, die noch fehlen, bei der letzteren mich auf die folliculären Hornhautentzündungen, die ich für eine spätere Besprechung mir vorbehalte, stützen müsste.

Die Therapie kann unmittelbar an die Krankheitsschilderung anknüpfen. Schon 1854 machte uns Graefe darauf aufmerksam: 1. dass in hyperacuten Fällen jede Eruption unter lebhafter Hyperämie zu erfolgen pflegt, 2. dass nur diejenigen Fälle heilen oder günstig vernarben, in denen neben der Infiltration ein gewisser Grad von Vascularisation besteht. Er liess deshalb bei hyperacutem Auftreten ein streng antiphlogistisches Régime einhalten, Blutegel an den Processus mastoideus setzen, abführen (in der Regel Calomel mit Jalappe) und Eisumschläge machen, — war die Conjunctiva stark infiltrirt und anämisch, so wurden laue Umschläge versucht, so lange die Cornea nicht litt, und das Secret nicht eitrig wurde. — Der Eigenschaft, einen mässigen Blutzufluss zu bewirken, verdankt auch wohl das namentlich in späteren Stadien wirksame Cuprum sulphuricum seinen Ruf. — Beide Behandlungen bekämpfen den augenblicklichen Zustand und seine nächsten Folgen, sie nehmen das Recidiv als etwas Unvermeidliches, das möglichst unschädlich zu machen ist, hin, greifen aber den eigentlichen Krankheitsheerd nicht an.

In letzterer Beziehung haben wir sehr erhebliche Fortschritte gemacht, von denen man bis jetzt noch nicht viel Notiz genommen hat. Aber ich meine, es wird den Collegen nicht allzu schwer fallen, auch gegen theoretische Überzeugungen einen Versuch, für welchen ein anerkannt tüchtiger, zuverlässiger Ophthalmologe, wie Schneller, mit solcher Entschiedenheit eingetreten ist, zu wagen, zumal da sie in dem, was sie bisher ihr Eigenthum nannten, mehr ein „ut aliquid fecisse videamur", als eine gegen den Krankheitsprocess gerichtete Behandlung aufgeben würden.

Voraussetzen muss ich allerdings, dass Ophthalmologen schwer zu finden sind, die Schweigger's bei Gelegenheit der Excision eines pericornealen Bindehautstreifens geäusserte Ansicht theilen: „denn solche Eingriffe sind bei einer Erkrankung, bei welcher ohnehin schon Verschrumpfung der Conjunctiva zu befürchten ist, geradezu verwerflich" (!). Für Ärzte dürfte die Proclamation eines solchen Princips, da sie in's Jahr 1885 fällt, unschädlich sein, aber Studirenden sollte man sie nicht bieten, um sie vor Zweifeln an den elementarsten Regeln der operativen Chirurgie zu bewahren.

Schon vor 30 Jahren wusste ich, dass man durch tief infiltrirte, diphtheritische Schleimhäute „Entspannungsschnitte" bis in's Gesunde machen darf, und habe diese Praxis anfangs gegen Graefe, später, als ich in seiner Gegenwart auf der Charité-Abtheilung die kleine Operation ausgeführt hatte, mit seiner Zustimmung vertreten. Ich möchte den Chirurgen sehen, der eine Excision mit Sutur oder mit Cauterisation behufs Aufhellung einer trüben Cornea unterliesse, weil er „ohnehin schon Verschrumpfung" mit den unabsehbaren Folgen continuirlicher Zerrung an gesunden Nachbarorganen in sicherer Aussicht hat.

Und was sollen wir für die einzige radicale, hundertfach bewährte Therapie eintauschen? Man lese p. 268 des Lehrbuchs! Wer kennt sie nicht, die lieben, harmlosen Fläschchen für ambulante, behandlungsbedürftige Kranke aus jedem Ordinationszimmer? Gegen „Follikel" oder leicht blutende Erhebungen (!) mit Vorsicht Cuprum, — wird Cuprum nicht vertragen, dann nimm Argentum, Plumbum, Tannin ein- bis zweiprocentig, aber beileibe nicht als Caustica, sondern zum Umstimmen (!!).

Mit solchem Spielzeug heilt man wohl schwach secernirende Catarrhe etwas schneller, als mit kaltem Wasser, aber als Alterantia zur Bekämpfung parenchymatöser, lymphoider „Infiltration", zur Bekämpfung eines bösartigen Krankheitsprocesses, an dem jährlich eine nicht allzu geringe Zahl Unglücklicher erblindet, — was sollen da diese Mittelchen, die jeder Apothekergehilfe auf eigene Hand gegen „schlimme Augen" dispensirt? Da lob ich mir das alte, prager Decoctum graminis, dessen Bedeutung jeder Studirende kannte.

Warum nicht den Studirenden einfach erklären: „gegen folliculäre Conjunctivitis giebt es kein Heilmittel!" Besser wäre es wahrlich, als auf der einen Seite ernsthaft Plumbum oder Tannin zu empfehlen, aber nur ja nicht als Causticum, sondern als Alterans, — auf der anderen vor den verwerflichen Excisionen bei Schrumpfung principiell zu warnen, während gerade im Stadium der Schrumpfung umfangreiche Excisionen Erstaunliches leisten! Das hat Graefe's Nachfolger im Amte von seinem grossen Vorgänger nicht gelernt. Wo seine Mittel versagten, da gab es keinen therapeutischen Vorschlag eines erfahrenen Praktikers, den er nicht prüfte, „durch den er sich nicht (ipsissima verba) gern belehren liess". Es gab damals auch Ophthalmologen in Berlin, die mit ihren bewährten Augensalben um so inniger verklebten, je kühner Graefe's locale Therapie wurde, und nicht müde wurden, jeden operativen Fall, der ihm missglückte, mit der Einleitung vorzustellen: „Sie erinnern sich, meine lieben Herren, dass ich Ihnen erklärt habe, warum es so kommen musste". Aber wo sind die Salben geblieben? Die meisten sind nicht mehr in unsere Pharmakopoe aufgenommen, während heute noch Tausende Graefe's locale Therapie segnen, ohne zu wissen, wem sie Dank schulden. Ich fürchte fast, ein gleiches Schicksal haben diejenigen zu erwarten, die nicht aufhören, Tag für Tag und Jahr für Jahr durch eigenhändige Application von Plumbum und Tannin als Alterantien die Schrumpfung nicht zu beschleunigen, während man fern von den Centren der Wissenschaft schon seit Jahren gelernt hat, durch rationelle Operationen armen Menschen das Augenlicht zu erhalten und sie vor Rückfällen einer Krankheit zu schützen, die auf dem besten Wege war, ihre Arbeitsfähigkeit für immer zu vernichten. —

Als ich nach einer Reihe von Jahren mich überzeugt hatte, dass die tägliche, sogenannte locale Behandlung nicht viel mehr, als ein Mittel, den Verlauf der C. follicularis zu überwachen, sei, als ich des Pinselns gründlich müde geworden war und andere, gut empfohlene, therapeutische Agentien, ohne, was ich hoffte, zu erreichen, möglichst objectiv geprüft hatte, war mein Vertrauen zu Medicamenten zu sehr geschwunden, als dass ich mich hätte entschliessen können, weiter den alten Weg mit neuen Augenwassern zu gehen. Was manchen Kranken gegenüber als pia fraus erlaubt, unter Umständen sogar geboten ist, den Einfluss einer indifferenten Therapie in glänzendem Lichte erscheinen zu lassen, wird von jedem ärztlichen Strafcodex schonungslos verurtheilt, wenn es zu einem Mittel ärztlicher Selbsttäuschung ausartet. Noch schwerer, als der Arzt, würde der klinische Lehrer gesündigt haben, hätte er seinen Schülern gegenüber für wahr ausgegeben, wovon er nicht wusste, dass es wahr sei. Von diesem Standpunkte aus war mir in der Therapie der C. follicularis Nichts für die Praxis und für den Unterricht geblieben, als die beiden, oben angeführten, allgemeinen Sätze Graefe's, deren Richtigkeit ich bestätigt gefunden hatte. Mit einigen Modificationen der praktischen Ausführung sind sie die Grundlage einer Therapie geblieben, die seit Jahren täglich die Probe besteht.

Die Modificationen sind scheinbar gering, aber für den Erfolg der Behandlung keineswegs gleichgiltig: ich überlasse die Antiphlogose nicht mehr Blutegeln, von denen man 1854 in Berlin noch den splendidesten Gebrauch machte, sondern durchschneide hyperämische Ciliar- und Conjunctivalgefässe, wie es von Alters her als Scarification oder Peritomie gelehrt wird, und suche entzündliche Gewebsinfiltrationen durch tiefe Incisionen bis in's Gesunde abzukürzen, wo es mir zulässig scheint. Mit diesen kleinen, technischen Veränderungen nach alten, allgemeinen Grundsätzen bei der Behandlung der folliculären Krankheiten verfahrend, bin ich zu therapeutischen Resultaten gelangt, die ich zunächst kurz formuliren will

Der Follicular-Catarrh heilt unter günstigen, äusseren Verhältnissen ohne Behandlung, bei häufigen Waschungen mit
Borsäure-Lösungen (4:100) oder unter Anwendung von Argentum nitricum, Plumbum aceticum, Zincum sulphuricum.
Die Indication für die letztgenannten Mittel giebt die Beschaffenheit des Secrets.

Unter ungünstigen, äusseren Verhältnissen — namentlich
solchen, die Verbreitung durch Secret begünstigen, — und
bei starker Betheiligung der oberen Bindehauthälfte ist die
Excision der Übergangsfalte mit Sutur das wirksamste
Mittel, die Krankheit schnell zu heilen und ihre Verbreitung
zu verhindern.

Die folliculäre Entzündung heilt ausnahmsweise bei günstigem
Verhältniss der lymphoiden Infiltration zum Blutgehalte in
frischen Fällen. Dieses Verhältniss künstlich herbeizuführen
kann einerseits durch Scarificationen und Kälte, andererseits
durch laue Wärme oder Cuprum sulphuricum versucht werden.
Beide Behandlungen geben weder eine sichere Prognose, noch
schützen sie vor Rückfällen.

Die einzig wirksame, nicht selten radicale Behandlung ist die operative, die in einer von drei
Formen ausgeführt wird:

1. Tiefe Incisionen bei frischer Infiltration der
   oberen Conjunctiva tarsi in Verbindung mit kalten
   oder warmen Umschlägen nach den bekannten Indicationen;

2. Excisionen der oberen Übergangsfalte bei starker Follikel-Neubildung im Grenzstreifen und
   in der Übergangsfalte; .

3. Partielle oder totale Excision des Knorpels (mit
   Ausschluss eines Streifens am freien Lidrande)
   und der kranken Übergangsfalte bis in die Conjunctiva bulbi bei hochgradiger, allgemeiner
   Infiltration und im dritten Stadium.

Nach gedruckten Formularen hat noch nie ein Arzt behaudeln gelernt, bei wenigen Krankheiten muss eigene Erfahrung so viel zum trocknen Schema hinzuthun, als bei der C. follicularis mit ihren zahllosen, nach dem Charakter des Verlaufes, der Häufigkeit der Eruptionen, nach den Entwicklungsstadien der Follikel variirenden Symptomcomplexen, — aber es giebt auch wenige Krankheiten, die in der Mehrzahl der Polikliniken und Hospitäler in solchen Massen von Exemplaren mit Leichtigkeit studirt werden können.

Die Grundsätze der Therapie, deren Wichtigkeit für jeden Arzt mich schon vor Jahren veranlasste, einen kurzen Artikel über „Conjunctivitis follicularis" durch die „Deutsche Medicinal-Zeitung" zu veröffentlichen, stimmen nicht übel zu Raehlmann's Ausspruch in einem der letzten Bände des Graefe'schen Archivs: „so lange noch adenoide Substanz vorhanden ist, so lange sind wir vor Recidiven der C. follicularis nicht sicher".

Damals bewogen mich andere Gründe, die kranke Übergangsfalte zu excidiren, aber die praktische Frage, auf die nur Erfahrungen antworten konnten, lautete: wie weit darf man es mit Excisionen der Conjunctiva wagen, ohne die Cornea oder Sclera zu schädigen? Dass ich tiefe Incisionen und Excisionen mit Sutur der Schrumpfung wegen nicht gefürchtet habe, bedarf hoffentlich keiner Wiederholung.

Für die Entbehrlichkeit grosser Bindehautflächen sprach die Klinik der Bindehaut: Verbrennungen, die Diphtheritis conjunctivae, selbst der Pemphigus mit totalem Symblepharon aller vier Augenlider ohne nennenswerthe Trübung der Cornea, — aber die Entscheidung konnte nichts desto weniger erst durch Jahre lange Beobachtungen an der C. follicularis selbst herbeigeführt werden. Das merkwürdigste Resultat derselben ist folgendes:

Die bei Weitem überwiegende Mehrzahl der Patienten, meist dem Arbeiterstande aus Stadt und Land zugehörig, bleibt nach der Excision frei von Recidiven, selbst wenn die alte Arbeit, die wahrscheinliche Ursache der Erkrankung, wieder aufgenommen wird,

und in schreiendem Widerspruche zu Schweigger's neuer Lehre von den Contraindicationen gegen Excisionen aus der Conjunctiva:

Auffallend günstig waren die Erfolge, wenn das ganze Lid und der Übergangstheil stark geschrumpft und der zurückbleibende Bindehautstreifen neben dem oberen Cornealrande so kurz und verdünnt war, dass ich fürchtete, er werde sich mit dem Knorpelstreifen am freien Lidrande nicht vereinigen lassen.

6*

Bekanntlich wurde Heisrath, damals Assistent unserer Universitäts-Augenklinik, durch die auffallend günstige Heilung eines die ganze Breite des Tarsus einnehmenden, etwa 4 mm hohen Substanzverlustes, den ich für seine Untersuchungen der folliculär infiltrirten Conjunctiva durch Excision eines Knorpelstreifens erzeugt hatte, veranlasst, die Methode der Excision von Tarsus und Übergangstheil an einem grossen Material vollkommen selbständig in der Praxis zu prüfen und später durch eine unserer medicinischen Zeitungen zu empfehlen. Wer sich mit derselben durch eigene Versuche vertraut gemacht hat, wird sie für das dritte Stadium am wenigsten entbehren wollen.

Excision der Übergangsfalte und eines 2 bis 4 mm hohen Knorpelstreifens aus der ganzen Breite am convexen Rande genügte meist auch in sehr schweren Fällen bei Vergrösserung des Lides nach Höhe und Breite. Eine Höhe des oberen Lidknorpels von 10 mm in der Mitte gehört namentlich in Fällen, die unter lebhafter Hyperämie verlaufen, nicht zu den Seltenheiten: die oberen Lider pflegen nach Ablauf des ersten, entzündlichen Insultes schlaff herabzuhängen, Caruncula lacrymalis und Plica semilunaris sind dunkelroth, bedeutend verdickt, zwischen dem ectropionirten, oberen Lid und dem Augapfel stülpt sich der voluminöse, faltige, mit graurothen Follikeln bedeckte Grenzstreifen hervor, die Conjunctiva tarsi kann (um ein einfaches Bild anzunehmen) bis zum freien Lidrande durch neugebildete, kuglige, hart an einander stossende Follikel gehoben sein, die Excision eines 3 mm hohen Streifens würde also immer noch einen Tarsus von 6 bis 7 mm Höhe und eine Menge Follikel zurücklassen. Nichts desto weniger pflegt eine Excision zu genügen, der Rest der Follikel sich, wenn die Wundränder der Conjunctiva bulbi und des Knorpels gut vereinigt sind, ohne dass es zum zweiten Stadium kommt, überraschend schnell zurückzubilden, und nach Monaten als stationäres Resultat eine makroskopisch normal scheinende oder von einigen oberflächlichen Narbenstreifen durchzogene Conjunctiva zu bleiben. Zu einer nachträglichen Entfernung des Tarsus wegen recidivirender, folliculärer Entzündung bin ich bisher nicht genöthigt gewesen.

Es scheint, als habe man den Grenzstreifen und das obere Drittel oder Viertel der Tarsal-Bindehaut, in der nach Raehlmann die adenoide Schicht am mächtigsten ist, als den Herd der Entzündungen anzusehen, als werde der Rest der Schleimhaut nur von ihnen aus in den Process hineingezogen. Ist es gestattet, eine erklärende Hypothese aufzustellen, so würde ich meinen, dass die Kuppen der beiden Übergangsfalten mit ihrem lockern subconjunctivalen Gewebe anatomisch besonders günstige

Schlupfwinkel darstellen, in denen Krankheitserreger, ohne durch den Thränenstrom fortgeschwemmt zu werden, lange stagniren, von denen aus sie in die Conjunctiva am convexen Rande des Tarsus eindringen können. Dem entsprechend sieht man die ersten scheibenförmigen Eindringlinge fast ausnahmslos zuerst am convexen Rande. — Dass in vielen Fällen dasselbe Ziel durch Entfernung des Übergangstheils ohne Knorpel erreicht wird, wie von Schneller vor nicht langer Zeit behauptet wurde, kann ich durch zahlreiche Erfahrungen bestätigen. Es gehören in diese Kategorie alle Infiltrationen mit starker Schwellung des Übergangstheils, während die Verkürzungen durch Schrumpfung ohne Entfernung eines guten Stückes Tarsus nicht dauernd zu heilen pflegen. Genaue Vereinigung durch Nähte beeinflusst den definitiven Erfolg vorzugsweise, wie mir scheint, dadurch, dass sie die unmittelbare Wundheilung erheblich abkürzt, Schwellung, Secretion, Granulationsbildung ausschliesst.

Dass in frischen Fällen keines der drei angegebenen Verfahren angezeigt ist, liegt auf der Hand: die Geschwulst des Übergangstheiles ist gering, der entzündliche Process nichts weniger als zum Abschlusse, selbst nicht zu einem provisorischen gekommen, die Möglichkeit der Heilung durch eine weniger eingreifende Behandlung nicht ausgeschlossen.

Im ersten Stadium der Follikel-Entwickelung gelingt es meistens, die Entzündung durch Incisionen der Conjunctiva tarsi und des Grenzstreifens bis ins Gesunde zu coupiren oder erheblich abzukürzen.

Selbstverständlich ist die Operation nur dann indicirt, wenn ein grosser Theil des Tarsus und Grenzstreifens mit Follikeln bedeckt ist, einzelne kann man auf der Lidfläche durch Nadelstiche zerreissen, im Grenzstreifen excidiren. Der regelmässige Erfolg ist: Entspannung des Lides und des M. orbicularis. Unter lauen Umschlägen vascularisirt sich dann die Oberfläche, die Follikel verschwinden oder treten wenigstens nicht in ihr zweites Stadium, wenn man die Incisionen oft genug wiederholt. Tiefe Narbenschrumpfung wird auf diese Art vermieden.

Über den Einfluss der operativen Behandlung auf die Hornhaut, die Spannung des Schliessmuskels, die Gestalt des Lides habe ich wenig hinzuzufügen. Auffallend schnell pflegt ein mässiger Pannus sich aufzuhellen, die Muskelspannung hört mit der Entfernung des Knorpels auf, die Lidstellung lässt anfangs schlaffes Herabhängen befürchten, aber schon nach wenigen Wochen pflegt jede Spur zu verschwinden. Alte Ectasien, dichte pannöse Trübungen mit ramificirten Gefässen erfordern selbstverständlich ihre Behandlung für sich. —

Dass jeder folliculäre Entzündungsprocess sofort operativ zu behandeln sei, werden auch die enragirtesten Anhänger der chirurgischen Therapie schwerlich behaupten. Sind die subjectiven Beschwerden gering, die Verhältnisse von der Art, dass der Kranke Monate lang auf den Gebrauch der Augen verzichten kann, so mag man zusehen, was die Natur bei einem verständigen Régime, fleissigen Waschungen mit Borsäure-Lösungen (4 %), Augendouchen leistet, und vor Allem, was durch Luftwechsel erreicht werden kann. Von letzterem, selbst in einigen Fällen von blossem Wohnungswechsel, habe ich die überraschendsten Erfolge gesehen.

Leider sind die meisten Kranken arme Leute, Arbeiter aus Stadt und Land im Mannesalter, oder Frauen, die Tag über in schlecht gelüfteten, in staubigen Räumen ihren Lebensunterhalt erwerben müssen, Nachts in kleinen Zimmern, in einer durch relativ zu viele Bewohner verdorbenen Luft von der Arbeit ausruhen. Bei ihnen ist die folliculäre Conjunctivitis unheilbar, verschleppt sich, wie Jedermann weiss und durch die Discussion des brüsseler Congresses bestätigt worden ist, Jahrzehnte lang, widersteht jeder örtlichen Behandlung, schwächt durch recidivirende Hornhautentzündungen die Sehkraft und fordert manches Opfer. Eine Behandlung, sei sie noch so eingreifend, durch welche die arbeitenden Volksklassen von dieser crux medicorum befreit werden können, scheint mir deshalb eingehender Prüfung werth.

Dass ich in mehr als dreissig Jahren praktischer Thätigkeit meinen Collegen durch Reclamen für unfehlbare, therapeutische Grossthaten lästig geworden sei, werden auch meine Gegner kaum behaupten, jedenfalls nicht beweisen können. Sollte ich mir durch diese negative Tugend, die, so wenig verdienstvoll sie ist, kaum für ein Allgemeingut der heutigen Specialisten gehalten werden dürfte, einen Anspruch auf Berücksichtigung meiner Vorschläge nicht erworben haben, so appellire ich an das Interesse meiner Collegen für das Wohl der schwer arbeitenden Volksklassen, wenn ich bitte, die vorliegende Frage nicht neben Argentum, Plumbum, Tannin etc. theoretisch mit „Ja" oder „Nein" zu beantworten, sondern sich durch die Praxis zu überzeugen, dass es eine wirksame, radicale Behandlung der folliculären Conjunctivitis giebt, dass weniger Wochen ausreichen, die schwer Erkrankten zu heilen, als nach den bisherigen Methoden Jahre erforderlich waren, um sie bei mehr weniger ununterbrochener Anwendung von Augenwasser lege artis blind oder erwerbsunfähig werden zu lassen.

In der königsberger Universitäts-Poliklinik wendet man die Adstringentien bei Catarrhen oder oberflächlichen Entzündungen der Bindehaut, das Cuprum sulphuricum zur Aufhellung chronischer, pannöser Trübungen und im Schrumpfungs-Stadium folliculärer Entzündungen bei operationsscheuen Kranken an. Sollen folliculäre Entzündungen geheilt werden, so steht seit Jahren jede Behandlung in zweiter Reihe hinter den Incisionen und Excisionen. Seit dieser Zeit sind die bekannten Stammgäste, die Jahre lang täglich „zum Beizen kommen", verschwunden, — an altem, unheilbarem Pannus, an Kerectasien (Reminiscenzen, die bis in die erste Zeit meiner Praxis hinaufreichen) fehlt es leider auch heute nicht, — die Zahl der alten vergrössert sich durch reichlichen Zuzug neuer, denen ärztliche Hilfe nicht werden konnte oder die Bindehaut, die „doch schrumpfen muss", durch weise Vorsicht erhalten wurde, — aber diejenigen, die es vorziehen, unheilbare Folgen ihrer Krankheit nicht abzuwarten, werden geheilt und bleiben mit verschwindend seltenen Ausnahmen frei von Rückfällen.

Die Methode hat sich von Königsberg aus in die Provinz Ostpreussen, die in den letzten Jahren ganz besonders stark von C. follicularis heimgesucht war, verbreitet. Was ich durch mündliche Mittheilungen meiner Collegen aus Provinzialstädten erfahren, hat meine Erwartungen weit übertroffen. Ich hoffe, die Zeit ist nicht fern, in der man auf allen Universitäten die angehenden Ärzte nicht mehr ermuthigen wird, die folliculär infiltrirte Conjunctiva durch Augenwasser „umzustimmen".

———

Die Ophthalmopathologie soll lehren, wie man die folliculäre Conjunctivitis heilt, die Hygiene, wie man sie verhütet. Leider können wir von dem grossen Fleisse, der scharfen Beobachtung und kritischen Deutung unserer Vorgänger wenig Nutzen ziehen; denn all ihre Mühe war gegen die ägyptische, militärische, eigentlich napoleonische Ophthalmie, die allem Anscheine nach Celsus schon beschrieben hat, gerichtet. Es hiesse, die Sache gar zu leicht nehmen, wenn wir auf unsere folliculäre Conjunctivitis, die möglicher Weise nur eine anatomische Einheit ist, ohne Weiteres anwenden wollten, was eine frühere Zeit für ihr Compositum festgestellt hat.

Von Bacteriologen sind nach den ersten Andeutungen Leber's vorzugsweise Sattler und Michel der Frage näher getreten, sie haben uns einen dem Neisser'schen, für die Gonorrhoe und Blennorrhoea neonatorum gefundenen sehr ähnlichen Diplococcus kennen gelehrt, der für die endemischen und epidemischen Bindehautentzündungen vortreffliche Dienste leisten könnte. Bei aller Achtung aber vor den Untersuchungen und den Collegen, deren Fleiss wir sie verdanken, sind die Pathologen noch auf

grosse Vorsicht angewiesen. Vorläufig ist weder die Constanz, noch die
Bedeutung des neu entdeckten Wesens hinlänglich bestätigt, sein Ver-
hältniss zu den Follikeln, zum Secret, damit die Contagiositätsfrage, vor
Allem seine Existenzbedingungen sind zu wenig sicher festgestellt, als
dass wir darauf hin schon Schlüsse für die Pathologie ziehen könnten.
Wir sind gezwungen, uns auf das Wenige, das wir aus eigenen Erfah-
rungen, aus historischen Berichten und aus Angaben über die geographische
Verbreitung wissen, zu beschränken.

Neues glaube ich meinen Lesern nicht zu sagen, wenn ich die Wohnungsfrage, das Zusammenleben vieler Menschen auf engem Raume,
schlechte Ventilation als Bedingungen für die Entstehung folliculärer
Entzündungen obenan stelle. Vielleicht sind es die einzigen. Die geographische Verbreitung, wie sie bis jetzt untersucht worden ist, spricht
nicht dagegen. Man hat die Wohnungsverhältnisse der armen Volksklassen in tiefliegenden Gegenden längs Flussufern, die Lebensgewohnheiten der Einwohner mit denen der Gebirgsbewohner nicht hinlänglich
verglichen. In wie weit die Einen und die Anderen ihre Hütten dem
Luftwechsel verschliessen, dass die Einen meist in Räumen, die von kleinen
Bestandtheilen reizender Substanzen geschwängert sind, die Anderen in
reiner, frischer Luft sich Tag über aufhalten, konnte nicht genügend in
Rechnung gebracht, in jedem einzelnen Raume der zuerst Erkrankte nicht
festgestellt werden, und ohne Beantwortung dieser Vorfrage wäre ja jede
weitere Untersuchung über ein atmosphärisches Contagium oder Infection
durch Secret müssig.

Speciell aus klinischen Gründen wären Angaben über Übertragbar-
keit in verschiedenen Stadien wünschenswerth; denn das unabsehbar lange,
gefährlichste Ende der Krankheit, die Schrumpfungsperiode, würde unzweifelhaft mit und ohne Coccus seinen uns bekannten Verlauf nehmen
können. Von einer wissenschaftlichen Basis ist auf diesem Gebiete noch
nicht die Rede, wir wissen nicht, ob folliculäre Entzündungen durch
Mikroorganismen entstehen, ob ausschliesslich durch Mikroorganismen,
oder ob auch andere Ursachen vorhanden sind, und welche Formen den
einen, welche den anderen entsprechen. Für diejenigen Autoren, die
sich über das Wesen der Krankheiten gar zu leicht klar sind, möchte
ich darauf hinweisen, dass durch die Beantwortung solcher Fragen eine
um ein Cardinalsymptom concentrirte, anatomische Einheit in Theile
zerfallen kann, die sich als heterogene, pathologische Processe ent-
puppen. Bis diese und viele andere Probleme gelöst sind, ist die C. follicularis nicht mehr, als ein erlaubter Nothbehelf zu weiteren Untersuchungen,
aber keineswegs eine Krankheit, in deren Wesen wir eingedrungen sind.

Volkskrankheiten wollen an verschiedenen Orten genau studirt sein, vor Allem müssen ihre Entstehungsbedingungen unter den verschiedensten, äusseren Verhältnissen feststehen, ehe man aus vielen Vergleichen zu einem Urtheile gelangt. Ich bin mir deshalb sehr wohl bewusst, dass meine seit fast 35 Jahren an einem und demselben Orte gemachten Erfahrungen, so zahlreich sie auch sind, den Stempel der Einseitigkeit tragen, aber auf einen geringen Werth können auch solche Erfahrungen Anspruch erheben, wenn mit allmählichen Veränderungen des Ortes allmähliche Veränderungen im Charakter einer altbekannten, bis dahin unveränderlich erschienenen Volkskrankheit parallel laufen. Aus diesem Grunde will ich sie in Kürze mittheilen.

Nach Beobachtungen, die ich in meiner Vaterstadt, in der Provinz Ostpreussen und an vielen, den armen Volksklassen angehörenden Russen gemacht habe, ist die Verbreitung durch Secret erwiesen für den Follicular-Catarrh, für die beiden ersten Stadien der acuten folliculären Conjunctivitis mit catarrhalischem oder eiterähnlichem Secret, nicht erwiesen für die chronische folliculäre Conjunctivitis und das Schrumpfungsstadium. Ob die acuten Formen mit klarem Secrete durch directe Übertragung wieder eine folliculäre Entzündung erzeugen, steht nicht fest, für den Catarrh ist mir eine Ausnahme von der Regel nicht bekannt. Ein atmosphärisches Contagium, also einen Ansteckungsstoff, der durch den Luftstrom fortgetragen wird, an Handtüchern, Meublen, Wänden haften kann, halte ich für überaus wahrscheinlich. Er findet sich vorzugsweise in kleinen Wohnungen, die nicht gelüftet werden und Nachts relativ zu viele Menschen beherbergen, — eben so in grossen Räumen, in denen sich eine Menge Menschen viele Stunden am Tage aufhält (Werkstuben, Waisenhäuser, Schulzimmer, Casernen). Ich halte es ferner für wahrscheinlich, dass auf staubigen Landstrassen, in den beim Dreschen des Getreides frei werdenden Partikelchen, in schlecht gelüfteten Stallungen die Krankheitserreger der C. follicularis zu finden sind, und dass sie in trockener Luft (Sommermonate) besser, als in feuchter bestehen. Häufiger Luftwechsel, kalter Wind, regnige Zeiten sind der Entstehung folliculärer Processe nicht günstig. Wie schon oben bemerkt wurde, halte ich die Übergangsfalten für die Stellen, in denen die schädlichen Substanzen zurückgehalten werden können, ehe sie in die Conjunctiva eindringen, deshalb häufiges Waschen der Augen für eine Präventiv-Maassregel.

Die Wohnungsfrage und gewisse mit ihr zusammenhängende Lebensgewohnheiten sind es, für deren vermeintlichen Einfluss auf die C. follicularis ich zum Schluss noch die Geduld des Lesers in Anspruch nehme. Im Jahre 1852 lernte ich in der Poliklinik eines unserer verstorbenen

Collegen, des älteren Burow, „das Trachom" an einem Material kennen, wie ich es nie wieder an einem Orte angetroffen habe, weder der Zahl, noch der Intensität nach. Russland, Ost- und Westpreussen waren die nie versiegenden Quellen. Gleichzeitig war mir von der Poliklinik aus das schlimmste Armenviertel der Stadt übergeben worden. Wir hatten damals noch keine Eisenbahnverbindung, die Strassen des Armenviertels waren zum grossen Theil ohne Steinpflaster, einstöckige Häuser ohne Keller, Zimmer von 6—8 Fuss Höhe, niedrige, meist durch Nägel fest geschlossene Fenster. Je nach der Grösse beherbergte ein solches Zimmer eine oder mehrere Familien, Nachts gewöhnlich noch einen der bei der damaligen, naiven Einrichtung der Polizei ungenirt nomadisirenden Observaten, der zur Verbesserung der Zimmerluft nicht beitrug. Die Andeutungen dürften genügen. Was man in schlechten Romanen liest, wurde von der Wirklichkeit des „alten Grabens, der schwarzen Gasse, der grünen Wiese" etc. weit übertroffen. — Die Stuben der ländlichen Arbeiter waren eben so niedrig, die kleinen Fenster (wenige Fuss über dem Erdboden) immer geschlossen, ein Ziegelherd im Zimmer, der zugleich als Ofen diente, ein grosses Himmelbett für die Eltern und jüngsten Kinder, ein gemüthliches Plätzchen für das lebende Inventarium, ein junges Schwein, eine Sprosse für die Hühner. Waschbecken und Handtücher gab es nicht.

Diese Häuslichkeiten in Stadt und Land lieferten eine Menge Augenkranker: die Kinder litten meist an Blepharadenitis und Keratitis, die Mütter früh, die Väter später und weniger häufig an Trachom, Pannus, Trichiasis etc. Burow statuirte zwei Arten Trachom: das dritte Stadium, bei Weitem das häufigere (T. chronicum), und das acute, eine Combination von C. follicularis mit alten Wucherungen der Oberfläche, Verdickung und venöser Hyperämie der Conjunctiva, schlaff herabhängendem, in Breite und Höhe vergrössertem Augenlide.

Wer das Armenviertel vor 35 Jahren gekannt hat, findet heute keine Spur davon. Breite, gepflasterte Strassen, eine Maschinenfabrik, die mehrere hundert Arbeiter beschäftigt, neue Häuser von drei bis vier Etagen mit kleinen, sauber gehaltenen Wohnungen und gut gelüfteten Zimmern, eine grosse Volksschule, zum Abschluss ein grosser Park (Volksgarten), in dem die Kinder der Arbeiter sich in der warmen Jahreszeit herumtummeln. — Den Wohnungsverbesserungen in der Stadt entsprechen die der ländlichen Arbeiter mit Ausnahme weniger, unmittelbar an Russland grenzender Kreise, in denen Armuth und das Beispiel der Nachbarn die alten Hütten und das Zusammenwohnen mit den Hausthieren noch erhalten hat.

Mit diesen Veränderungen ist das alte Trachom allmählich ausgestorben, der Follicular-Catarrh ohne Corneal-Affection, den wir damals nicht kannten, ist an die Stelle getreten, — Augenkrankheiten in dem alten Armenviertel, das unmittelbar den im oberen Stadttheile liegenden Kliniken benachbart ist, sind selten, meist gewöhnliche oder leichte Follicular-Catarrhe. Vom Lande und aus der Provinz sehen wir nur schwerere Kranke, weil die leichten die Reise scheuen und abwarten oder von Collegen in kleinen Städten behandelt werden: vernachlässigte Entzündungen mit Excoriation der Winkel oder Blepharophimosis, mit Lid oder Hornhautkrankheiten, ab und zu eine Blennorrhoe, Follicular-Catarrhe in Menge, dazwischen eine Conjunctivitis follicularis mit der ersten pannösen Trübung, wegen deren Hilfe gesucht wird. Nur die Kreise an der russischen Grenze und Russland selbst liefern uns die alten Trachome und zwar meist im dritten Stadium mit Entropion, Trichiasis, Symblepharon etc.

Was die Poliklinik im Kleinen zeigt, wiederholt sich im Grossen in der ganzen Bevölkerung der Stadt und Provinz. Unter 2000 Schulkindern fand ich mit Vossius· 180 Fälle von Follicular-Catarrh, keine Entzündung, keine Corneal-Affection, in der Stadt und im Kreise Wehlau arbeiten die Collegen seit über einem Jahre, die Schule begann mit über 300 Follicular-Catarrhen, immer noch melden sich neue Krankheitsherde, aber keine Entzündung, ähnlich in Thorn in Westpreussen und anderen Städten.

Mag es ein Coccus oder eine andere Schädlichkeit sein, die sich über so weite Kreise verbreitet hat, es wird mir schwer anzunehmen, dass derselbe sich in 30 Jahren genug cultivirt haben soll, um nur noch Catarrhe zu erzeugen, aber der Boden, auf den die Krankheitsursache fällt, ist nicht mehr derselbe. Keine Schleimhaut ist so unmittelbar der Luft ausgesetzt, wie die Conjunctiva, vermuthlich keine in ihrer Ernährung von Zufuhr frischer Luft in gleichem Grade abhängig; ihre Blässe, Schlaffheit, Brüchigkeit, die veränderte Blutfarbe in ihren Gefässen bei Kranken, die auf Zimmerluft angewiesen sind, ist bekannt. Darf man annehmen, dass in einer solchen Schleimhaut schädliche Substanzen durch die widerstandsunfähigen Epithellagen leichter in die adenoide Substanz eindringen und, ohne Reaction hervorzurufen, eine allmähliche Infiltration der ganzen Conjunctiva mit lymphoiden Elementen bewirken, während eine normale, gespannte, blutreiche Bindehaut dem Eindringen fremder Stoffe sich widersetzt und unter lebhaftem, allseitigem Blutzuflusse reagirt?

Dann wäre der Follicular-Catarrh die Reaction einer ge-

sunden Conjunctiva auf eine die oberflächlichste Schicht der
substantia propria treffende Schädlichkeit, die folliculären
Entzündungen wären der Ausdruck für die schlaffe, widor-
standslose Substanz einer durch den Einfluss stagnirender
Luft schlecht ernährten, laxen Conjunctiva. Die Prophylaxis
der weit verbreiteten Volkskrankheit wäre eine Culturfrage,
die überall gelöst wird, wo die Armen nicht in überfüllten,
schlecht ventilirten Räumen zu schlafen und zu arbeiten genöthigt sind. —

III.

Der Intermarginalschnitt mit und ohne Transplantation von Hautlappen in der Therapie der Krankheiten des Lidrandes.

Durch Spencer Watson ist für die Trichiasis-Operation eine neue Bahn gebrochen, von der man zu Jaesche-Arlt nicht mehr zurückkehren wird. Der Intermarginalschnitt ist geblieben, der Gedanke, die wunde Knorpelplatte unbedeckt zu lassen, dürfte begraben sein.

Aber wenn Spencer Watson's Idee auch unbedingt die dominirende geworden ist, so hat doch weder seine Methode, noch die eines seiner Nachfolger annähernd den allgemeinen Beifall gefunden, mit dem die Methode Jaesche-Arlt aufgenommen und 30 Jahre hindurch cultivirt wurde.

Irre ich nicht, so sind es die schweren Fälle (und zu ihnen gehört die Mehrzahl), in denen die neuen Operationen sich als Schutz gegen Recidive noch nicht volles Vertrauen erworben haben, und sich, bis der Beweis ihrer Leistungsfähigkeit durch Erfahrung geliefert ist, aus theoretischen Gründen kaum erwerben können, Fälle, wie sie in dem Materiale der hiesigen Poliklinik, so lange die Bewohner einiger der russischen Grenze benachbarter Landkreise und unsere jährlichen Gäste aus dem Inneren Russlands uns treu bleiben, immer zahlreich anzutreffen sein werden. Arme Leute, unter den ungünstigsten äusseren Bedingungen genöthigt, ihrem Erwerbe nachzugehen, in elenden Räumen wohnend, an die primitivsten Forderungen der Reinlichkeit nicht gewöhnt, suchen, wenn zu grosse Entfernung des Ortes es nicht verhindert, ärztliche Hilfe erst, wenn sie durch die Abnahme ihres Sehvermögens erwerbsunfähig werden. Im Stadium acuter Exacerbationen fürchten sie die Reise; wenn sie zum „deutschen Arzte" kommen, pflegt die Schrumpfung weit vorgeschritten zu sein: verengte Lidspalte durch Blepharophimosis, verkürzte, muldenförmig gebogene Lider, Symblepharon posterius, Entropion, Trichiasis, Pannus mit und ohne Kerectasie, Schwund der inneren Lidkante und des intermarginalen Theiles — das pflegen die Symptome zu sein, deren Heilung verlangt wird.

Diese Fälle, von denen ein grosser Theil schon in Russland ohne bleibenden Erfolg operirt war, ein anderer, nach Jaesche-Arlt in verschiedenen Variationen von mir operirt, im nächsten Jahre mit frischer Trichiasis sich vorstellte, waren es, die mich vor etwa 2 Jahren bewogen, über ein allgemeines, chirurgisches Verfahren gegen Stellungsanomalien ähnlicher Art nachzudenken. Dass ich dabei — vielleicht mit Unrecht — von allen neuen Methoden, die den entblössten Tarsus mit dünnen Hautplättchen belegten, Abstand nahm, ist wohl leicht erklärlich; denn meine Absicht war, möglichst hochgradige Stellungsanomalien durch Schrumpfung zu beseitigen und Recidive zu verhüten.

Der Intermarginalschnitt war gegeben, von der Möglichkeit, den Rand der oberen Platte durch einen leichten Zug in die gewünschte Stellung zu bringen, hatte ich mich oft genug überzeugt. Es galt, ihn in dieser Stellung zu erhalten, eine Aufgabe, deren Lösung auf keinem anderen Wege vollkommen erreichbar schien, als durch Einschaltung eines beide Lidränder in einer bestimmten Entfernung haltenden Hautlappens. An ein unmittelbares Gelingen des ersten Versuches zu glauben lag mir sehr fern, mehr noch, an wissenschaftliche Bearbeitung einer Aufgabe zu denken, die, oft genug theoretisch behandelt, praktisch nicht gelöst war. So kam es, dass ich mich in der Literatur der Trichiasis erst zu orientiren begann, als praktische Erfolge mich an die Brauchbarkeit der für einen allgemeineren Zweck erdachten Operation zur Heilung der Trichiasis glauben liessen. In guten Krankheitsgeschichten hoffte ich die Ursachen der Trichiasis zu finden, die vorzugsweise die häufigen Misserfolge der Methode Jaesche-Arlt, wie sie Arlt vor Kurzem in seiner Operationslehre von Neuem beschrieben hatte, erklären sollten.

Von der Aussichtslosigkeit meiner ersten Absicht überzeugte mich ein oberflächlicher Blick in einige Lehrbücher, wie sie mir gerade augenblicklich zur Hand waren. Trichiasis war kein bestimmter Begriff mehr, verschiedene Autoren definirten sie verschieden, wie wäre unter solchen Umständen eine brauchbare Casuistik denkbar gewesen? Ich citire die Definitionen, an denen ich bald genug hatte, meist wörtlich:

Mackenzie (Traité pratique, übersetzt von Warlomont und Testelin, 1856): „le trichiasis est le renversement des cils, le distichiasis consiste dans existence d'une double rangée de cils." Später wird auch das Entropion, bei dem normale Wimpern das Auge berühren, der Trichiasis zugezählt.

Stellwag v. Carion (Augenheilkunde, 1870, p. 51): „die Einwärtswendung einer Anzahl von Wimpern bei normaler Richtung der Lidfläche entspricht dem Begriffe der Trichiasis."

de Wecker (Traité pratique, 1880, p. 181): „on entend par trichiasis une direction vicieuse des cils en vertu de laquelle ceux-ci se

portent vers le globe oculaire, sans que la paupière soit en au-
cune forme aliénée. Lorsque en outre les cils déviés sont em-
plantés de tel façon qu'ils forment distinctement plusieurs ran-
gées, on a, suivant les autres, affaire à une distichiasis. Cette
distinction n'est pas très importante, si l'on considère qu'à l'état
normal les cils forment plusieurs séries linéaires" etc. etc.

Ed. Meyer (Augenheilkunde, 1883, p. 519): „Unregelmässigkeiten in
der Implantation und der Richtung der Cilien sind die Merkmale
dieser Affectionen. Bei der Trichiasis sind die Cilien gegen das
Auge gerichtet, der freie Lidrand hat seine normale Stellung
behalten. Bei der Distichiasis stehen die Cilien in zwei Reihen,
die äussere steht an der normalen Stelle, die andere dem Augapfel näher."

Schmidt-Rimpler (Augenheilkunde, 1886, p. 609): „treten die Cilien
in doppelter Reihe auf dem Lidrande auf, so bezeichnet man
den Zustand als Distichiasis, sind sie verkümmert, schief gestellt,
als Trichiasis."

Schweigger (Handbuch, 1885) scheint, wenn ich Nichts übersehen
habe, der Trichiasis ein besonderes Kapitel nicht widmen zu
wollen. Bei dem Entropion durch „Schrumpfung der Conjunctiva
und des Lidknorpels" wird die Beschaffenheit und Stellung der
Cilien als eine Folge der im Haarwurzelboden stattfindenden
„Schrumpfung" unter dem Namen „Trichiasis und Distichiasis"
kurz erwähnt (p. 225), später in dem Kapitel „Trachom" als
Folge einer „Ernährungsstörung der Cilien durch Erkrankung
des Haarwurzelbodens".

Tetzer's Vorträge, bearbeitet von Grünfeldt mit Unterstützung Arlt's
(1887): „der durch Schwinden der Bindehaut und des Knorpels
bedingte Zustand heisst „Trichiasis", wobei die Cilien gegen die
Hornhaut gerichtet sind." „Es können aber auch pathologische,
sehr feine Cilien sich entwickeln und nach einwärts gegen die
Cornea wachsen. Dieser Zustand wird mit dem Namen „Distichiasis" belegt." —

Giebt es in der Pathologie noch einen alten, eingebürgerten Krankheitsnamen, der so viel Bedeutungen und deshalb so wenig zu bedeuten
hat? Und doch ist eine solche Willkür des Definirens für die Praxis
nicht gleichgiltig; denn eine Operation, die Ed. Meyer's Trichiasis heilt,
ist für Grünfeldt's Trichiasis nicht zu brauchen. Sollten Autoren, die an
dem Aufbau unserer Pathologie mitarbeiten, sich durch den internatio-
nalen Verkehr und durch die Sprachkenntniss der medicinischen Schrift-

steller gegen Misserfolge, wie sie der Sage nach die Sprachverwirrung beim Thurmbau zu Babel brachte, geschützt glauben, so mögen sie bedenken, dass in der Wissenschaft Begriffsverwirrung ein noch viel grösseres Übel, dass Nichts mehr zu fürchten ist, als Worte, die für jeden einen anderen Sinn haben.

Eine Definition des Wortes „Trichiasis" zu geben halte ich für leicht, wenn man von folgenden bisher allgemein angenommenen Sätzen ausgeht: 1. das Wort bezeichnet keinen Krankheitsprocess, sondern ein Krankheitsproduct, eine bestimmte Stellungsanomalie (Retroversion) der Wimpern, 2. schon aus sprachlichen Gründen bezeichnet es eine von Krankheiten des Haarbodens ausgehende Stellungsanomalie, aber nicht etwa eine beliebigen Liddislocationen folgende Stellung normaler Wimpern, 3. eine Definition darf nur Merkmale enthalten, die in keinem Falle fehlen. — Diesen drei Bedingungen entspricht folgende Definition: Trichiasis nennt man jede von pathologischen Veränderungen des Wimperbodens herrührende Retroversion von Cilien. In den weiten Rahmen der „pathologischen Veränderungen (Anomalien)" passen alle primären und secundären Zustände. —

Für meinen Zweck, ein operatives Verfahren zur Gradstellung retrovertirter Cilien zu besprechen, war die Trichiasis der Lehrbücher, wie man sieht, nicht zu brauchen. Meine letzte Hoffnung blieb Arlt's Operationslehre in Graefe-Saemisch.

Was ich suchte, fand ich in dem Kapitel Transplantationen des Cilienbodens beisammen. Ob die Chirurgen sich den Namen Transplantation für Verfahren, bei denen nicht Haut- oder Schleimhautlappen transplantirt, sondern der Theil, den man erhalten will, dislocirt, verschoben, der Eiterung und Gangrän ausgesetzt ist, gefallen lassen werden?

Aber wie wir sofort sehen werden, ist bei drei von vier Operationen auch nicht einmal von einer Verschiebung des Cilienbodens die Rede. Würde man in der Chirurgie von einer „Transplantation durch Verschiebung" sprechen, wenn Jemand auf den Gedanken käme, einen mit einem Gliede längs einer Seite zusammenhängenden Hautlappen durch rückwärts ziehende Suturen zu erheben und in dieser Stellung zu erhalten? Ich glaube kaum.

Es handelt sich um vier Methoden:

1. Die des Aetius und Paul von Aegina. Intermarginalschnitt, Excision eines quer-elliptischen Hautstückes, retrahirende Suturen, um die durch den ersten Schnitt entstandene, obere*) Lidplatte von der unteren entfernt zu halten.

---

*) Wenn schlechtweg vom „Lide" gesprochen wird, ist immer das obere gemeint.

2. Jaesche's Methode. Schnitt durch die Dicke des ganzen Lides, dem freien Rande parallel und 2 mm von ihm entfernt, — Excision einer quer-elliptischen Hautfalte, — Vereinigung des abgetrennten Lidstreifens mit dem convexen Rande der Hautwunde. Es wird also nicht der Cilienboden transplantirt, sondern der ganze Lidrand so gehoben, dass seine Schleimhautfläche auf der Knorpeloberfläche ruht.

3. Jaesche-Arlt's Methode vor 1860 ist eine Verschiebung des Cilienbodens: Intermarginalschnitt nach Actius etwa 3 mm hoch, — Schnitt durch Haut und Weichtheile dem freien Lidrande parallel, 3 mm von demselben entfernt, — auf diesem Schnitte als Basis Excision eines Hautstücks von der Form einer halben, horizontal liegenden Ellipse, — endlich vom horizontalen Hautschnitte (der oberen langen Seite eines den Cilienboden bergenden Rechtecks) aus Trennung aller Verbindungen, welche die Verschiebung des Rechtecks hemmen, und Befestigung seiner oberen, langen Seite an den convexen, oberen Rand der Hautwunde durch Suturen.

4. Jaesche-Arlt's Methode nach 1860 deckt sich in allen Punkten mit der obigen, aber die „Trennung der Verbindungen" fällt fort, der Lappen soll nicht transplantirt werden, weil er zu leicht vereitert, die Verschiebung soll einigermaassen durch retrahirende Suturen, durch Abheben der oberen Platte ersetzt werden.

Wie schon bei den einzelnen Methoden kurz bemerkt ist, sind Nr. 1, 2 und 4 nicht Transplantationen, auch nicht Verschiebungen des Cilienbodens auf eine andere Grundlage, die einzige Verschiebung, die allenfalls „Transplantation" genannt werden kann, ist von Arlt selbst aufgegeben worden, weil der dünne, den Cilienboden einschliessende Lappen zu leicht vereitert. —

Es gehört gewiss zu den seltenen Ausnahmen, dass eine nach fünfzehnjährigen, zahlreichen Erfahrungen von ihrem eigenen Entdecker wegen Vereiterung des Theiles, der erhalten werden soll, aufgegebene Operation ein Jahr später von einem jüngeren Operateur den Studirenden und Ärzten als eine „die Bedürfnisse der Praxis vollkommen befriedigende" empfohlen wird. 1879 giebt Arlt seine Operation, die — beiläufig gesagt — aus demselben Grunde von seinem Freunde Graefe gemieden, von der Mehrzahl der Operateure modificirt worden war, wegen Eiterung des Lappens auf, und ein Jahr später lesen wir in Schweigger's vierter Auflage (p. 248): „die Resultate des Jaesche-Arlt'schen Verfahrens sind durchschnittlich so befriedigend und die Technik desselben eine so einfache, dass sie für die Bedürfnisse der Praxis als ausreichend bezeichnet werden kann". Und in der fünften, der Vorrede nach in den „Krankheiten der Conjunctiva".

wesentlich verbesserten, aber auch im Ganzen, um „den Fortschritten der Wissenschaft" zu folgen, „fast vollständig umgearbeiteten Auflage" (1883) ist zwar die wesentliche Verbesserung, das Verschwinden des Urtheils über den Werth der Operation, mit vielem Danke zu begrüssen, aber die Operation ist doch in der Hauptsache dieselbe geblieben.*)

Da es nicht wahrscheinlich ist, dass Schweigger mit Arlt's aufgegebener Operation bessere Resultate, als Arlt selbst, Graefe und die grosse Mehrzahl der lebenden Ophthalmologen erzielt hat, so bleibt Nichts übrig, als anzunehmen, dass er leichter, als die Anderen, zu „befriedigen, seine Bedürfnisse für die Praxis" geringer sind. Ich mag diese interessante Frage nicht weiter untersuchen; Graefe hat sie in seinem an schlagenden, geistreichen Sätzen überaus reichen Briefwechsel allgemein für das Verhalten sämmtlicher Operateure gegenüber Neuerungen in einem Briefe über seine Linear-Extraction (1868), den dem Leser mitzutheilen ich mir zu meinem lebhaften Bedauern versagen muss, in kurzen Worten so vortrefflich beantwortet, dass wir auf specielle Untersuchungen für immer verzichten können. Der Brief wird zur Zeit den Collegen nicht vorenthalten werden.

Über die alte Operation aber, die mich nach zwanzigjährigen Bemühungen, durch Verbesserung meiner Technik die Eiterung zu vermeiden, schliesslich in eine gelinde Verzweiflung gebracht hat, will ich jetzt, da Arlt selbst sie aufgegeben hat, zur Warnung für Andere meine Erfahrungen ohne Hehl mittheilen. Dass ich so lange aushielt, verschuldete eine schlecht angebrachte Pietät gegen meinen alten Lehrer, der mir den Intermarginalschnitt mit beispielloser Geduld beigebracht und die Methode Jaesche-Arlt im Jahre 1854 als Prüfstein für jeden Augenoperateur und als unerreichtes Verfahren zur Heilung der Trichiasis empfohlen hatte. Ich werde mich kurz fassen: der Intermarginalschnitt ist schwer, kann bei Verwachsung der geschrumpften Weichtheile mit den Ausführungsgängen der Tarsaldrüsen oder, wenn zwischen letztere Haarbälge eingebettet sind (nicht selten), kaum ausführbar sein, — eine Ablösung des dünnen Cilienbodens mit Erhaltung normaler Circulation in demselben ist schwer, nicht immer möglich, — Eiterung des Lappens zu vermeiden, liegt nicht in der Hand des Operateurs, und wenn Alles gelungen ist, hängt es vom Zufall ab, ob die Aufgabe der Operation gelöst wird, weil ihr, wie wir sehen werden, ein unrichtiges Princip zu Grunde liegt. Ich kann „den Studirenden und Ärzten" mit gutem Ge-

---

*) p. 228: „Die äussere Platte in eine förmliche Brücke verwandelt, welche nur zu beiden Seiten noch mit dem Lide verbunden ist."

wissen den Rath geben, die schwere und in ihren Folgen unberechenbare Methode nie wieder zu versuchen, zumal da sie lange vor 1885 schon durch sehr viel bessere und rationellere verdrängt worden ist. —

Arlt's Zuverlässigkeit ist mit Recht nie bezweifelt worden. Dass er seine neue Methode der alten nicht nachgeschickt hat, ist mir nur erklärlich, wenn ich annehme, dass er seine Operirten (meist poliklinische Passanten) nicht lange genug unter Augen behalten hat. Die Fehler seiner und aller ähnlichen Methoden (Verschiebung des Cilienbodens) liegen im Princip, sie werden durch tägliche Beobachtungen bestätigt: 1. ist das Lid kurz, die falschen Cilien lang, so nimmt eine ausreichende Verschiebung dem Auge den Schutz der Wimpern; 2. je atrophischer der Cilienboden, desto leichter vereitert der Lappen mit den Cilienwurzeln; 3. stehen lange, peitschenförmig geschwungene Wimpern zwischen normalen (nach Blepharitis häufig), so verliert das Auge den Schutz der gesunden, um durch die kranken nicht gereizt zu werden; 4. die untere Platte kann sich retrahiren und atrophiren, oder sich mit einem Granulationsgewebe, in dem neue Cilien wachsen, bedecken. In beiden Fällen giebt es Recidive; 5. die Vernarbung der Knorpelwunde und ihre schliessliche Dicke ist dem Zufall überlassen; 6. in keinem Falle lässt sich die Höhe des Intermarginalschnittes, die Grösse der Hautexcision, das Anziehen der Suturen so bemessen, dass man die definitive Stellung der Wimpern vorher bestimmen kann. —

Mit diesen durch tägliche Erfahrungen bestätigten Sätzen war für mich der Methode Jaesche-Arlt, der alten, wie der neuen, das Urtheil gesprochen. Das grosse Material der hiesigen Poliklinik forderte einen Ersatz, der es in die Hand des Operateurs legte, retrovertirten Wimpern, mochte der Grad der Schiefstellung ein noch so erheblicher sein, eine vorher bestimmte Richtung zu geben und sie in derselben zu erhalten.

Es war vielleicht ein Vorurtheil, dass ich die neuen Verbesserungen, wesentlich in Überhäutung des entblössten Tarsus bestehend, gar nicht in Frage zog; denn — rein mechanisch betrachtet, konnte man von einem aufgeheilten Hautstückchen nie mehr, als ein Abrücken der Cilien um die Dicke desselben erwarten. Mit Verschiebung von Neuem Versuche zu machen, war mir in zwanzig Jahren der Muth vergangen.

Dass sich der einfache Gedankengang, die beiden aus dem Intermarginalschnitte entstandenen Platten durch einen auf dem Rande der unteren Platte fast senkrecht stehenden, eingepflanzten Hautlappen in einer bestimmten Stellung zu erhalten, von selbst ergab, ist oben schon erwähnt worden. Bedingungen für einen dauerhaften Erfolg schienen mir: 1. Heilung ohne

7*

Eiterung, also möglichst aseptisches Operiren, 2. für alle hochgradigen Retroversionen und Schrumpfungen des Lidrandes möglichst breite, 3. gegen den Druck der oberen Platte möglichst resistente, also nicht zu dünne Lappen, 4. selbstverständlich schonendes Präpariren, um Absterben zu vermeiden. — Diesen Erwägungen entsprechend wurden während der ganzen Operation die Wundflächen aus einem in Borsäurelösung (4%) oder Sublimatlösung (1:5000) von 35—40° C. getauchten Stück Verbandwatte langsam bespült, zum Präpariren des Lappens Pincetten möglichst wenig gebraucht, der Lappen mit einem dünnen Kautschukspatel in die Höhe gehoben und von der Hautfläche her während des Anlegens der Suturen geglättet. Die schon in Hirschberg's Centralblatt kurz beschriebene

Operation am linken, oberen Augenlide

wird, wie folgt, ausgeführt: Der Operateur steht links vor dem auf einem Operationstische liegenden, chloroformirten Kranken, der hinter dem Kopfe stehende Assistent schiebt mit der rechten Hand die Jaeger'sche Platte unter das Lid, in der linken hält er die Watte zur Irrigation.

Erstes Tempo: Intermarginalschnitt 6—8 mm hoch, während dessen der Daumen der linken Hand von der Hautfläche her das Lid gegen die Platte drückt, so die Blutung hemmt und zugleich den freien Lidrand so weit ectropionirt, dass die Meibom'schen Drüsenmündungen sichtbar werden.

Zweites Tempo: Lappenbildung. Hautschnitt vom temporalen Endpunkte des Intermarginalschnittes 30 mm vertical aufwärts, dann 6—8 mm nach links mit leichter Convexität nach oben und ca. 34 mm vertical abwärts, die letzten 4 mm etwas nach links ausweichend. Das so umschnittene Hautstück wird mit flach angelegtem Messer von den beiden langen Seiten her abpräparirt bis 3 mm unterhalb der Spitze, dann mit dem Spatel in die Höhe gehoben, eine feine, krumme Nadel mit seidenem Faden 4 mm unter der Spitze von der Haut- nach der Wundfläche durchgestossen, zuletzt die Spitze gebildet.

Drittes Tempo: Der Intermarginalschnitt wird durch Bespülen von Coagulis befreit, der noch auf der Wunde liegende Lappen mit Borsäurelösung (45—50° C.) so lange bespült, bis er einem leichten Zuge des Fadens folgt und, in flachem Bogen längs dem Lidrande geleitet, mit der Spitze den nasalen Winkel, an dem die Lidplatten zusammenstossen, erreicht, es folgt seine Einpflanzung durch 5 bis 7 Suturen zunächst an der Spitze, indem der Operateur das kurze, nasal vom Thränenpunkte liegende Stück des Lidrandes von der Haut- und Schleimhautfläche her mit einer Pincette fixirt und die krumme Nadel von links nach rechts durchstösst, dann am Knorpelrande, der ebenfalls mit der Pincette nach vorn angezogen wird (eine etwas stärkere Nadel ist zweckmässig) und schliesslich zwischen den Austrittsstellen der Wimpern mit der feinen Nadel, die zur Anheftung der Spitze diente. Während dieses dritten Actes muss der Assistent mit Zeige- und Mittelfinger der linken Hand durch Zug nach aufwärts den Spalt zwischen den Lidplatten klaffen machen, den dünnen, sich leicht entfärbenden Lappen mit warmer Sublimatlösung tropfenweise befeuchten und durch leichtes Glätten mit dem Spatel ihn der Nadel so entgegenführen, dass zum Schluss der Raum zwischen den Rändern von dem faltenlosen Lappen geschlossen ist. — Vereinigung der Hautwunde durch Suturen, Jodoform, binocularer Verband (Borlint, Verbandwatte, Guttaperchapapier bis über den Rand der Augenhöhle, Binde).

Bemerkungen zu den einzelnen Operationsacten.

1. Der Einstich für den Intermarginalschnitt soll (vom inneren Lidwinkel aus) neben der ersten, sichtbaren Mündung einer Meibom'schen Drüse und zwar unmittelbar vor derselben nach dem Gesicht hin zu liegen kommen. Es ist rathsam, die Fläche des Messers vom Parallelismus zur Knorpelfläche ein Minimum abweichen zu lassen, so dass die Schneide gegen den Knorpel gerichtet ist; denn kleine Flächenabschilferungen des Knorpels sind unschädlich, während durch Haarbälge, die auf dem Tarsus oder zwischen den Tarsaldrüsen zurückbleiben, oder durch Verletzung der dünnen vorderen Platte das Resultat gefährdet wird.

2. Der Hautlappen wird nach chirurgischen Vorschriften gebildet. Bei totaler Trichiasis würden, die Breite des Lidrandes = 26 mm angenommen, die beiden langen Seiten eine Länge von 30 und 34 mm haben, die Breite des Lappens hängt davon ab, wie weit nach der Einheilung die äussere Kante mit den Cilien von der neuen inneren entfernt sein soll. Die bestimmenden Momente sind also: a) der Grad der Retroversion, d. h. der Winkel, den die falschen Cilien mit dem Lidrande bilden, b) die Länge der retrovertirten Wimpern, c) die Breite des vor der Operation vorhandenen, intermarginalen Theiles. Ist durch alte Entzündungen des Wimperbodens mit Ausgang in Atrophie der intermarginale Theil so vollständig geschwunden, dass das Lid mit einem scharfen Rande endet, und sind die wenigen vorhandenen Cilien sehr lang, peitschenförmig geschwungen, so wird ein neuer, intermarginaler Theil von 4 mm Breite, der einer Lappenbreite von 6 mm entspricht, sehr wohl zu brauchen sein. — Ich schreibe nicht eine Monographie der Trichiasis, sondern suche ein allgemeines Princip für die operative Hilfe gegen

Retroversion der Cilien, sonst würde ich die einzelnen Fälle zu besprechen haben, in denen die Operation kosmetische oder prophylaktische Zwecke verfolgt.

3. Ort des Lappens. In der Beschreibung der Operation ist die Richtung des Lappens vertical zum freien Lidrande angegeben. So wurden die ersten Versuche gemacht, aber es zeigten sich bald Hindernisse: a) ein tief liegender margo supraorbitalis und tief liegende Augenbrauen, b) eine Menge farbloser Härchen auf dem Hautlappen. — Um einem von beiden oder beiden Übelständen auszuweichen, hat College Ulrich, der anfangs als klinischer Assistent auf der Station eine geringe, seit dem 1. April als poliklinischer Assistent in sieben Monaten eine grosse Zahl von Operationen ausgeführt hat, Lappen aus der Schläfenhaut bis zu einem Winkel gegen den Lidrand von 130—140° und Lappen aus der Wangenhaut eingepflanzt; alle heilten gleich gut.

Die nachträgliche Entfernung von Lappenhaaren belehrte uns in einem Falle über eine Art der Heilung, die, wenn sie allgemein wäre, in Bezug auf Recidive erfreuliche Aussichten eröffnen würde. Es war einer der ersten Fälle. Im unteren Drittel des Hautlappens befand sich neben dem absteigenden, verticalen Schnitte (also nach der Vereinigung mit dem Knorpelrande in unmittelbarer Nähe des Auges) eine Menge sehr feiner, farbloser Härchen, die ich damals noch für unschädlich hielt. Der Verlauf der Operation und die Heilung war normal, aber schon nach wenigen Tagen hatte ich Grund, meine Unvorsichtigkeit zu bereuen, die Spitzen der Lappenhaare reizten in hohem Maasse, Epilation beschleunigte ihr Wachsthum. Nach zwei Monaten blieb mir Nichts übrig, als die ganze Gruppe mit zwei ein liegendes Oval bildenden Schnitten, die in einer Tiefe von der Dicke des Lappens zusammentrafen, zu umschneiden und das umschnittene Stück zu exstirpiren. Kein Tropfen Blut, die durchschnittene Masse bot dem Messer ungefähr den Widerstand eines recht festen Sarcoms, histologisch glich sie nach Angabe des damaligen poliklinischen Assistenten, Prof. Vossius, am meisten dem Gewebe des Tarsalknorpels. Da die Masse von der Tiefe bis zur Oberfläche homogen erschien, dachte ich an eine Abhängigkeit der neu gebildeten Zwischensubstanz von der Beschaffenheit der drei zusammenstossenden, kleinen Wundflächen (Hinterfläche des Lappens, obere Platte und Oberfläche des Tarsus). Sollte sich die Vermuthung bestätigen, so liesse sich wohl durch Scarificationen des Knorpels eine besonders feste Masse erzeugen, die nicht so leicht schrumpfen und vor Recidiven schützen würde.

4. Die Dicke des Lappens habe ich nicht mehr allzu gering

ausfallen lassen, als ich erlebt hatte, dass zwei nach neueren Vorschriften
alles Zellgewebes beraubte Lappen zum Theil gangränescirten, während
die etwas dickeren sämmtlich gut heilten. Ich referire, was ich erfahren
habe, bin aber weit entfernt, aus den Resultaten dieser kleinen Zahl von
Versuchen eine Regel abstrahiren zu wollen. Schon im Jahre 1879 habe
ich über brillante Heilungen der dünnen, Reverdin'schen Hautstückchen
berichtet, an einigen Operirten, die College Vossius mir vorgestellt hat,
ebenso gute Erfolge mit dünnsten, gestielten Lidhautlappen noch vor
Kurzem constatirt, will also keineswegs gegen die Methode etwas einwenden. Vielleicht wird der, wie oben beschrieben wurde, mit der Spitze
noch adhärirende Lappen zu sehr gefaltet, wenn man das Zellgewebe
vollkommen zu entfernen versucht. Entscheidung kann nur eine Menge
Beobachtungen herbeiführen. — Wie voreilig allgemeine Schlüsse aus
einer ungenügenden Zahl von Operationen sind, habe ich neuerdings an
den Urtheilen über Graefe's Linear-Extraction erfahren. An der
„allgemein aufgegebenen Methode" hatte ich, um wenigstens auf
eine Frage nach eigenen Beobachtungen antworten zu können, beschlossen,
so lange es sich mit dem Wohle der Kranken vereinigen lasse, festzuhalten; dabei bin ich nach ca. 2000 Extractionen zu dem Resultate gekommen: alle Fehler, die man der Methode vorgeworfen hat,
treffen den Operirenden. Nach wie viel genauen Beobachtungen
mögen wohl die Gegner der Linear-Extraction ihr verdammendes Urtheil
gefällt haben?

5. Zu geringe Höhe des Lappens erkennen wir daran, dass es
eines Zuges, einer gewissen, wenn auch sehr geringen Kraft bedarf, um
den Lappen an dem durchgezogenen Seidenfaden so weit zu bringen,
dass seine Spitze den Einstichspunkt im intermarginalen Theile erreicht.
Selbstverständlich wäre es ein grosser Fehler, die richtige Lage durch
stärkeres Anziehen der Suturen zu forciren. Der Operateur legt dann
den Lappen in den Raum zwischen den beiden Lidplatten, übergiebt die
Fäden der Hand des Assistenten, der dieselben ein wenig gegen die
Nase hin spannt, — dann löst er vom Fusspunkte des absteigenden,
langen Wundrandes her die Lappenbasis mit Pincette und Messer, bis
der Assistent fühlt oder sieht, dass die Lappenspitze der Richtung des
Fadens folgt, der Lappen sich ohne jede Spannung in den intermarginalen Schnitt einlegt. Sofort übernimmt der Operirende die Fadenenden
mit der linken, legt die Nadel in den von der rechten Hand gehaltenen
Nadelhalter und macht sich an die Vereinigung der Spitze, nachdem er
sich überzeugt hat, dass die Wundflächen von Neuem gereinigt und bespült, die Ränder so weit, als die Lappenbreite es erfordert, von einander

gezogen sind. — Zweckmässig ist es, nach Beendigung des intermarginalen Schnittes eine nicht zu feine, mit einem Seidenfaden armirte Nadel am Knorpelrande ungefähr ,3 mm vom Halbirungspunkte desselben nach der Conjunctiva-Seite durchzustossen. Da der Knorpel sich retrahirt, erleichtert man auf diese Weise die Anheftung des unteren Lappenrandes.

Bemerkungen über Resultate, Verlauf, Indicationen, Narcose, Asepsis.

In einem Zeitraume von 18 Monaten lässt sich aus dem Materiale einer mässig frequentirten Klinik über den absoluten Werth einer Operationsmethode keine Entscheidung treffen. Um so mehr bin ich dem Leser schuldig, genau zu berichten, welches die Umstände waren, unter denen wir die folgenden Resultate erreicht haben.

Meine Trichiasis-Operation hat sich nicht allmählich aus fortschreitenden Modificationen eines älteren Verfahrens entwickelt. Sie hat den Schnitt des Aetius und Paul von Aegina, den Arlt, nachdem man ihn 1200 Jahre vergessen hatte, vor etwa 40 Jahren zum zweiten Male erfand, den sogenannten Intermarginalschnitt, beibehalten, im Übrigen hat sie mit anderen Methoden, so viel ich weiss, principiell Nichts gemein, wiewohl sie manchen sehr ähnlich sieht. Kurze, historische Andeutungen dürften genügen, dem Leser das Material für eine selbständige Entscheidung über einen Punkt zu liefern, den ich, wenn es sich um eine kleinliche Prioritäts-Reclamation handelte, so sicher nicht berührt haben würde, wie ich seiner Wichtigkeit nach glaube, ihn zur Sprache bringen zu müssen, weil es sich um ein chirurgisch-therapeutisches Princip handelt, um ein neues Problem, über dessen Lösung die Akten keineswegs geschlossen sind.

Das sehr einfache Problem ist oben schon angedeutet worden: nach hoch hinauf geführtem Intermarginalschnitt dem Lidrande mit den Wimpern die richtige Stellung geben und ihn in dieser Stellung befestigen. Der Versuch mit dem Gesichtshautlappen ergab sich für Jeden, der einige Operationen an den Augenlidern in seinem Leben ausgeführt hat, von selbst, ebenso die kleinen, sehr wichtigen Vorsichtsmaassregeln, die alle keinen anderen Zweck haben, als Eiterung oder brandiges Absterben des Lappens zu verhüten. Aus der Praxis habe ich Nichts hinzugelernt, als dass man den Lappen ebenso gut und vielleicht noch besser mit fünf, als mit drei Suturen befestigt, die Nadel durch den Lappen von der Hautfläche her durchstossen soll, um den Lappen nicht zu drehen, dass man behaarte Lappen zu vermeiden hat und durch Gesichtshaut von verschiedenen Stellen ersetzen kann. —

Nachdem mir eine Anzahl von Operationen vortrefflich gelungen war, machte ich meine damaligen Assistenten Vossius und Ulrich mit dem Princip der Methode genau bekannt und überliess ihnen zum grossen Theile die Ausführung der unter Chloroform zeitraubenden Operationen mit der Weisung, mir in kurzen Intervallen über die Resultate zu berichten, Operirte vorzustellen und namentlich jeden ungünstig verlaufenden Fall sich und mir nicht entgehen zu lassen. Ich hatte sehr früh die Gefahren der behaarten Lappen kennen gelernt, die durch Ulrich's Versuche bald zerstreut wurden, hatte auch die oben beschriebene eigenthümliche Beschaffenheit des neuen, intermarginalen Theiles schon bei einer der ersten Operationen constatirt und seit Jahren die in der vorigen Abhandlung besprochene Wirkung des M. orbicularis beobachtet. Ich überliess, da ich das Problem für gelöst hielt, die empirische Probe auf das Exempel meinen Assistenten, mit der Weisung, sich, wenn sie dasselbe durch eine vollkommnere Technik erreichen zu können glaubten, durch meine Vorschriften nicht beschränken zu lassen, verbat mir aber jeden Rückfall in den alten Fehler, den Cilienboden nach aufwärts zu dislociren, und machte sie namentlich auf die Beseitigung des Orbicularis-Krampfes durch die interponirte Narbenmasse, von der noch später die Rede sein wird, aufmerksam. Während des Wintersemesters wurden die neuen Beobachtungen und Ansichten den Studirenden vielfach mitgetheilt und an Operirten demonstrirt.

Die Berichte lauteten, wie sich sofort bei dem „Verlauf" zeigen wird, durchweg günstig, aber von etwa 100 Operirten, über die ich nach etwa einem Jahre Näheres publiciren wollte, konnte ich für meinen Zweck nur etwa 70 verwerthen. Vossius' dünne Lappen aus der Lidhaut durfte ich nicht mitzählen. Seit dem October sind wir wieder auf Gesichtshautlappen zurückgekommen, die Zahl der Operationen beträgt über 100, von denen Ulrich die bei Weitem grössere Hälfte operirt hat.

Principiell unterscheidet sich, wie ich glaube, meine Methode von älteren und neueren darin, dass sie die Aufgabe löst, die freien Ränder der beiden durch Intermarginalschnitt gebildeten Lidplatten durch ein mehr weniger senkrecht auf dem Knorpel stehendes Hautstück in gegebener Stellung zu halten und letzteres von rückwärts her durch eine feste Substanz zu stützen.

Für Burchardt's im Octoberhefte des „Centralblattes von Hirschberg" mitgetheilte, neueste Trichiasis-Operation habe ich zunächst alle Veranlassung, meinen aufrichtigen Dank auszusprechen. Die nächste Abhandlung wird zeigen, dass de Wecker's Gerechtigkeitssinn verstorbene

Collegen aus ihren Gräbern citirt, um sie gegen Plagiate, die Albrecht
v. Graefe an ihnen verübt haben soll, protestiren zu lassen, — und im
Centralblatte ist es der Geschädigte, Burchardt selbst, der in liebens-
würdigster Weise den Verdacht, ich könne ihn bestohlen haben, zurück-
weist. Ich hatte in der That seine erste Publication vom Jahre 1882
in den Charité-Annalen übersehen, andere Collegen scheinen die Operation,
vielleicht weil sie erst drei Mal geglückt war, nicht nachgeahmt zu haben.
In ihrer jetzigen Modification verdient sie die höchste Berücksichtigung.
Ob sie für die schlimmsten Fälle (bei uns die Regel) ausreichen wird,
kann nur Erfahrung lehren; wahrscheinlich wirkt sie, wenn es der Fall
ist, dadurch, dass sie den M. orbicularis eliminirt; denn, wie ich Burchardt verstanden habe, handelt es sich bei ihm um ein zwischen die
Lidplatten hinuntergezogenes Hautstück, dessen Dicke allein den gewünsch-
ten Erfolg nicht haben kann. —

Die, so viel ich mich erinnere, von Spencer Watson zuerst ange-
regte Idee, der Knorpelfläche einen Hautüberzug zu geben, von Junge,
Nicati, Gayet, Dianoux, Dor angenommen und modificirt, von van
Milligen aus Constantinopel, wie Benson in den Ophthalmic hospital
reports berichtet, mit Lippenschleimhaut glücklich ausgeführt, hat, wie
ihre Erfinder angeben, gute, zum Theil vortreffliche kosmetische Resultate
und keine Recidive gegeben. Alle sind entschiedene Fortschritte gegenüber Jaesche-Arlt, über Vorzüge und Nachtheile der einen und anderen
muss Erfahrung das letzte Wort sprechen. Von meinem Verfahren weichen fast alle darin ab, dass sie den Cilienboden mehr weniger nach aufwärts gegen den Supraorbitalrand hin ziehen, während ich ihn nicht in
einer der Knorpeloberfläche parallelen Ebene disclocire, sondern nur seinen
Höhenabstand vom Knorpel um die Breite des eingepflanzten Lappens
vergrössere. Über den Unterschied wird, wie ich meine, der Verlauf
der Wundheilung Aufschluss geben. Von meinen Erfahrungen ausgehend
kann ich berichten, dass 24 Stunden nach der Operation (früher habe
ich den Verband abzunehmen nicht gewagt) eine teigige, gleichmässige
Anschwellung der dem intermarginalen Schnitte entsprechenden Zone von
der Haut aus zu fühlen ist, dass diese Anschwellung in den nächsten
Tagen, mindestens bis zum dritten, an Volumen zunimmt und dann fester
wird, bis sie nach Wochen knorplige Resistenz erlangt hat, ohne merklich an Dicke abzunehmen.

Diese Masse, die eine dauernde, hinter Wimpern nicht sichtbare,
gleichmässige Verdickung des Lides zurücklässt, habe ich für ein Product
der drei hinter dem eingepflanzten Lappen einen prismatischen, kleinen
Hohlraum umschliessenden Wundflächen gehalten: es sind die Hinterfläche

des Lappens, die Hinterfläche der oberen Platte und die blossgelegte Oberfläche des Knorpels. Wenn das von diesen drei Flächen gelieferte Wundsecret reichlich genug ist, die Platten aus einander zu halten, so ist die Wirkung des eingepflanzten Lappens sehr bald entbehrlich, — eine Annahme, die durch den Heilungsverlauf bestätigt zu werden scheint.

Es war nämlich zu erwarten und hat sich bewährt, dass der immerhin doch dünne, wenn auch nicht ganz zellgewebslose, längliche Lappen während des Überführens und Einlegens in den neuen Lidrand an der Spitze und von der Spitze aus weiter sich abstossen kann, aber in den schlimmsten Fällen begrenzte sich die Abstossung einige Millimeter weit von der Spitze und griff nie durch die ganze Dicke, sondern nur durch eine mehr weniger oberflächliche Schicht, blieb also für das Endresultat vollkommen gleichgiltig.

Als Transplantation im chirurgischen Wortsinne hat die Methode mit allen Transplantationen den Vorzug, dass selbst bei ungünstiger Lappenheilung der Cilienboden und die Cilien unversehrt bleiben, und schlimmsten Falls ein Theil des Hautlappens abgestossen wird. Es kommt dann zur Heilung durch Granulation und schliesslich zu flacher Narbenbildung.

Das partielle Absterben des Hautlappens der Fläche und der Dicke nach ist eine Ausnahme, die das Endresultat nicht beeinflusst, die Regel ist glatte Heilung. Ideale klinische Verhältnisse und besonders sorgsame Pflege sind nicht erforderlich, die meisten Kranken wurden in den überfüllten Dépendancen der Poliklinik operirt, die trotz täglicher Inspection viel zu wünschen übrig lassen. —

Was hinter dem Hautlappen vor sich geht, entzieht sich selbstverständlich der Beobachtung. Ein excidirtes, keilförmiges Stück des neuen, intermarginalen Theiles, das mikroskopisch untersucht wurde, und was Palpation des freien Lidrandes nach der Operation lehrt, sind die einzigen Beweise, mit denen wir unsere Ansicht stützen können, aber ich meine, wenn der eingepflanzte Lappen (wie es der Fall ist) am ersten Tage seine Stellung nicht ändert, so folge daraus, dass die von den drei Wundflächen hinter ihm eingeschlossene Höhle sich füllen müsse, und das genügt. Woher der Lappen auch gewonnen sein möge, wenn seine Höhe sich in den ersten 24 Stunden nicht verkleinert, erfüllt er seinen Zweck, den intermarginalen Theil um 3—6 mm zu verbreitern, während einfache Überhäutung der wunden Knorpelfläche die Wimpern um nicht mehr, als um die Dicke des Hautstücks vom Auge entfernen kann. Aus diesem Grunde verlangen die meisten Überhäutungen noch eine Verschiebung des Cilienbodens.

Entfernung der Suturen am zweiten oder dritten Tage, bis dahin doppelseitiger Verband, — vom dritten Tage an genügt Verschluss des kranken Auges durch eine Binde, — Termin der Heilung ungefähr der achte Tag, — bei unregelmässigem Verlaufe zwei bis höchstens drei Wochen. — Die Resultate betreffend habe ich vorzugsweise auf folgende vier Punkte geachtet: 1. Stellung des Lidrandes und der Cilien zum Auge, 2. Recidive, 3. schädliche Nebenwirkungen, 4. Abhängigkeit des Erfolges von der Lidkrankheit.

Ich antworte nicht der Reihe nach, sondern erledige die einfachsten Punkte zuerst. Recidive haben wir nicht beobachtet. Bestätigt es sich, dass die neu gebildete Substanz hinter dem Lappen fest wird und nicht weiter schrumpft, so ist bei einer Lappenhöhe von 4—6 mm ein Recidiv unmöglich. — Nebenwirkungen, wie wir sie zuweilen nach Entropion-Operationen sehen, Cornealgeschwüre, die in pannösen Hornhäuten eine sehr unwillkommene Complication sein können, sind nicht vorgekommen. Vermuthlich sind sie traumatisch, lassen sich durch Vorsicht mit der Jaeger'schen Platte, Verbannung der Schwämme, fleissiges Überrieseln vermeiden. — Sind die Lider sehr kurz, so kann die Lidspalte nicht vollständig schliessen, wenn der Haut-Orbicularis nicht die Weichtheile stark zusammendrängt. — Anwendbar ist die Methode in den leichtesten Fällen nicht. Eine einzelne, falsch gerichtete Wimper oder eine kleine Gruppe, oder endlich Trichiasis in der Mitte des Lidrandes lässt sich nach einfacheren, weniger eingreifenden Methoden beseitigen, unter denen jedenfalls auch Einheilung eines dünnen Lappens oberer Lidhaut genannt zu werden verdient. Unter den Trichiasiskranken (nicht die einzigen, bei denen die kleine Operation gute Dienste leistet) sind es die schweren und schwersten, für die wir am meisten zu erwarten haben.

Die Stellung der Lider und den Lidschluss betreffend kommen zwei Wirkungen der Operation in Betracht, die auf den intermarginalen Theil und auf den Musculus palpebralis: sie verbreitert einen zu schmalen oder schafft einen neuen, intermarginalen Theil und beseitigt den Einfluss des M. palpebralis auf die Stellung des freien Lidrandes. Deshalb sind die Erfolge um so eclatanter, je schlimmer die Fälle sind. Bei allgemeiner Schrumpfung des Conjunctivalsackes mit Pannus crassus, Trichiasis, Entropion, Blepharospasmus sahen wir Wochen lang nach der Operation den Blepharospasmus noch unverändert, unter der circulär gerunzelten Haut den dicken Muskel, der sich leicht zwischen zwei Finger nehmen liess, wie geschwollen liegen, aber die Grenze seiner Wirkung war die Wimperreihe, auf die er ebenso wenig Einfluss hatte, als auf den sie vom Knorpelrande trennenden Hautlappen.

Zur Veranschaulichung ein Beispiel! Rechtes, unteres Augenlid eines seit langen Jahren an C. follicularis und ihren Folgen erblindeten Kranken. Der Muskelkrampf ist so stark, dass vom Lidrande Nichts zu sehen ist. Zieht man von der Haut aus nach abwärts, so erscheint der Lidrand ohne innere Kante, fast ohne intermarginalen Theil, in der ganzen Breite entropionirt, mit spärlichen, retrovertirten Cilien versehen, hinter ihnen ebenfalls in der ganzen Lidbreite eine Reihe 2—4 mm hoher, 1 mm dicker, vertical gestellter, blutrother und leicht blutender, zottenähnlicher Auswüchse (Granulationen, nicht Granula). Ausserdem Blepharophimosis, starkes Symblepharon posterius, Narbenschrumpfung der Conjunctiva tarsi und des Übergangstheiles, beginnende Xerosis c. bulbi, Pannus crassus. —

In solchen Fällen treten kosmetische Indicationen natürlich zurück, die fortschreitende Schrumpfung des Übergangstheiles indicirt einen kleinen Übereffect. Es wurde deshalb ein 6 mm breiter, 30 mm hoher Lappen aus der Wangenhaut eingepflanzt, so dass die Austrittsstellen der Wimpern unmittelbar nach der Operation etwa 2 mm weiter nach abwärts, als an einem normalen Auge, standen.

Drei Monate später war Folgendes der Status: vom Schläfenwinkel läuft fast vertical nach abwärts eine Narbe in der Gesichtshaut, — die senile, schlaffe Haut ist, der Richtung des M. orbicularis entsprechend, in Falten gelegt, — der Muskel deutlich sichtbar und mit zwei Fingern zu umgreifen. Die Faltung hört an einer horizontalen Wimperreihe auf, die Spitzen der Wimpern sind zum Theil nach vorn, zum Theil nach abwärts gerichtet, können aber bei kräftigstem Lidschlage nicht gegen das Auge hin gerollt werden, sie werden von der Conjunctiva durch einen 4—5 mm breiten Hautstreifen, der unmittelbar in die blasse Conjunctiva übergeht, getrennt. Letzterer ist nicht, wie ein normaler, intermarginaler Theil, rechtwinklig gegen die Gesichtsebene gestellt, sondern ähnelt mehr einer flachen Rolle, erhebt sich also von den Cilien aus sehr allmählich schwach convex, um dann wieder nach hinten ebenso abzufallen. —

Aus dem Verlaufe dieses Falles, in dem gleiche Operationen an allen vier Augenlidern vollkommen gleich verliefen, ergiebt sich Folgendes als Resultat: bei vollkommen fehlender innerer Kante und intermarginalem Theile liess sich, nachdem mit den papillären Auswüchsen auch noch die äussere Kante bis auf einen etwas verdickten Hautrand abgetragen war, ein etwa 5 mm breiter, nach der Form einer Rolle schwach gewölbter, intermarginaler Theil herstellen, der selbstverständlich Sachverständige nicht täuschen konnte, aber gerade kosmetisch am meisten befriedigte. Der spastisch contrahirte M. palpebralis hörte an den richtig stehenden

Wimpern zu wirken auf, der Haut-Orbicularis schob die Gesichtsmuskulatur mehr gegen einander, als für den Lidschluss nothwendig war. Eine Atrophie des neuen, intermarginalen Theiles, die dem M. palpebralis ermöglicht haben würde, die Cilien mehr als 180° gegen das Auge umzurollen, war mehr, als unwahrscheinlich. Einen ungünstigeren Fall sich zu erdenken wäre kaum möglich gewesen. — Eine Menge gleicher Resultate unter günstigeren Bedingungen lassen sich dahin zusammenfassen:

So lange wir die Kranken beobachtet haben, behielten die Cilien die Stellung, die man ihnen durch die Operation gegeben hatte, bis 18 Monate lang. Neubildung vom Cilienboden aus kam nicht zur Beobachtung.

Die bei Weitem häufigste Ursache der Trichiasis ist Conjunctivitis follicularis, in ihren schweren Formen eine Krankheit der arbeitenden Volksclassen, Heilung ohne jede kosmetische Rücksicht ist für sie eine Lebensfrage. Aber wie sollte man zu einer rationellen Therapie kommen, so lange man der Schrumpfung von Tarsus und Conjunctiva noch alle schlimmen Ausgänge der Conjunctivitis zur Last legte und die Fortsetzung des Tarsus mit den Ausführungsgängen der Meibomschen Drüsen, das straffe Bindegewebe mit den Haarbälgen, den M. palpebralis und den bis in die Conjunctiva übergreifenden M. Riolani als secundär erkrankt ansah?

In Arlt's letzter Operationslehre heisst es von der Methode Jaesche-Arlt: „sie heilt auch Entropien, welche nur als vorgeschrittene Trichiasis (Abrundung der inneren Kante, Schrumpfung der Bindehaut und des Tarsus) zu betrachten sind". — Wie ist es möglich, Entropien als vorgeschrittene Trichiasis zu betrachten? Mag man beide als Folgen von Abrundung der inneren Kante etc. betrachten, was sicher nur in indirectem Sinne vertheidigt werden kann, so sind sie doch nur verschiedene Folgen derselben Ursache, aber nicht verschiedene Grade einer und derselben Anomalie. Bei solchen Voraussetzungen kann es schon kommen, dass selbst klare, nüchterne Beobachter, wie Arlt, den Blick auf die Haarbälge fixiren und dabei den dick gewulsteten M. palpebralis, der den freien Lidrand nach rückwärts rollt, übersehen.

Und mehrere Jahre später theilt uns Schweigger aus seiner operativen Erfahrung die wunderbare Thatsache mit: „bei der operativen Behandlung des Entropion mit Trichiasis genügt es, den Zweck zu verfolgen, mit Erhaltung der Cilien demselben durch Transplantation des Cilienbodens (nach Arlt) eine richtige Lage zu geben". Difficile est satiram non scribere. Wenn man zwei Fliegen mit einer Klappe schlägt, pflegt man doch den Grund zu suchen, damit man in Zukunft nicht neben der Fliege etwas schlägt, das man nicht schlagen möchte, und bei Schweigger bedarf es nicht einmal eines Schlages, schon der Zweck genügt. Ich will auf die Gefahr hin, von Allen, die Überraschungen durch unerwartete Erfolge lieben, getadelt zu werden, das Räthsel zu lösen versuchen.

Bildet sich bei der Methode Jaesche-Arlt eine Zwischensubstanz, die stark genug ist, um dem M. orbicularis Widerstand zu leisten, so kann der neue Lidrand nicht wieder retrovertirt werden, — retrahirt sich der Knorpel und sind die Cilien zu weit nach oben angeheftet, so kann der freie Knorpelrand nicht umgerollt werden, weil er zu weit ausgewichen ist, die Cilien nicht, weil sie durch die Narben fixirt sind. Der zweite Fall ist selten, er setzt eine schlechte Operation voraus. In Wirklichkeit verhält es sich mit der Doppelwirkung folgendermaassen: die Wirkung der nach Jaesche-Arlt genannten Operation ist unberechenbar, weil die Knorpelplatte ihrem Schicksale überlassen wird; genügt die Verschiebung des Wimperbodens und bildet sich ein breiter Lidrand, so wird Entropion und Trichiasis mit einem Schlage geheilt, — ist die Verschiebung der Wimpern zu gering, die Granulation des Knorpels spärlich, so wird Beides nicht geheilt, — ist die Verschiebung zu stark, so pflegt Lagophthalmos zu bleiben, — bilden sich in der Granulationsschicht des Tarsus neue Cilien, so kann das Entropion heilen, die Trichiasis recidivirt.

Entropion bleibt also nur bestehen, wenn die Granulationsschicht auf dem Tarsus zu wenig Resistenz hat; denn die directe Ursache des Entropion ist nicht Schrumpfung des Tarsus, sondern Druck des M. palpebralis. Trichiasis aber wird sehr oft nicht geheilt, bald ist die Heilung unvollständig, bald vereitert ein Theil des Cilienbodens, bald schliesst die Lidspalte nicht, am häufigsten sind Recidive. Der Operateur verfolgt zwar den Zweck, Trichiasis zu heilen, aber sein Mittel taugt Nichts, die Wirkungen desselben sind unberechenbar sowohl für Entropion, als auch für Trichiasis. Man hat aus der Gleichzeitigkeit der Tarsusschrumpfung und des Entropion auf einen causalen Zusammenhang geschlossen und hätte doch aus Hotz' Operation bei Entropion des unteren Lides leicht lernen können, dass der Muskel Entropion macht. Was ich über die Stellung der Wimpern gesagt habe, lässt sich also noch durch einen Zusatz vervollständigen:

„Die Cilien sind in der Stellung geblieben, die man ihnen durch die Operation gegeben hatte, und mussten in derselben verbleiben, weil der Hautlappen keine neuen erzeugt und der Wirkung des M. palpebralis entzogen ist."

Die Brauchbarkeit breiter Lappen zur Heilung schwerer Fälle von

Trichiasis scheint mir hiernach fest zu stehen. Ob sie durch beliebig dünne, interponirte Lappen ersetzt werden können, ist eine Frage, deren Beantwortung schon der Mühe werth ist. Fällt dieselbe bejahend aus, so wäre es interessant, zu erfahren, welche Veränderungen, die den Erfolg erklären können, während der Einheilung des Lappens zu Stande kommen. —

Die Indicationen sind mit der Trichiasis nicht erschöpft. Die Operation ist ausserdem indicirt: 1. bei jeder Conjunctivitis follicularis, wenn die Excoriation der äusseren Commissur auf die vordere Hälfte des intermarginalen Theiles übergreift, oder wenn von der inneren Lidkante her die Epidermis des intermarginalen Theiles abgestossen wird. Ein Intermarginalschnitt, etwa 3 mm hoch, täglich mit einem Stilet geöffnet, in hartnäckigen Fällen Einheilung eines dünnen Hautstücks (1 bis 2 Suturen) ist das einzige Mittel, Entzündung des Cilienbodens und Trichiasis zu verhüten; 2. bei schwerer Blepharadenitis. Der Schnitt befreit den infiltrirten Cilienboden vom Widerstande des Tarsus, die inducirten Herde pflegen schnell zu erweichen und unter lauen Umschlägen zu verschwinden. 3. Trichiasis mit erhaltenem Intermarginaltheil und innerer Kante nach abgelaufener C. follicularis, die sich nur durch Bindehautnarben verräth. Aus kosmetischen Rücksichten sind zwar zunächst sehr schmale Hautstücke indicirt, aber auch Lappen bis zu 4 mm Breite pflegen, besonders am oberen Lide, kaum entstellende Narben zu hinterlassen. 4. Entropion mit Trichiasis nach C. follicularis wird gleichzeitig geheilt am oberen Lide durch Lappen von 4 mm Breite, am unteren bin ich bisher mit Hotz' Excision des Muskels ausgekommen. Ebenso 5. Entropion ohne Trichiasis am oberen Lide durch Lappen von mindestens 4 mm Breite, um den Druck des M. palpebralis zu eliminiren. 6. Schwund der Lidkante nach Blepharitis mit Verlust der normalen und Neubildung verkümmerter oder langer, peitschenschnurförmiger Cilien. Gegen diese schlimme Form leistet die Herstellung eines breiten intermarginalen Theiles subjectiv und kosmetisch über Erwarten viel, besonders wenn die Augäpfel prominiren, die Lider stark gespannt sind, und der untere Rand, ohne ectropionirt zu sein, das Auge drückt. Die Herstellung des unteren Lidrandes trägt weit über Erwarten zum normalen Gesichtsausdrucke bei, die Kranken empfinden die Entlastung von dem einschnürenden Rande als eine ausserordentliche Erleichterung, die nicht geringer, als der Schutz gegen die Spitzen der Wimpern, geschätzt zu werden pflegt.

Die Zahlen, die ich für diese Indicationen anführen kann, bleiben hinter den oben für Trichiasis angegebenen zurück, sind aber, zumal da schlechte Resultate fehlen, gross genug, um auch Andere zu Versuchen anregen zu dürfen. —

Es bleiben mir nur noch wenige Worte hinzuzufügen. Für möglichst aseptisches Operiren bedarf es heutzutage keiner Motivirung, aber über die Chloroform-Narcose, die uns durch die Einführung des Cocains immer entbehrlicher wird, möchte ich, nachdem sie mir so lange vortreffliche Dienste geleistet hat, nicht stillschweigend hinweggehen. Fünfundzwanzig bis dreissigtausend Narcosen ohne Todesfall sollen keineswegs andere Erfahrungen widerlegen, zumal es an Asphyxien nicht gefehlt hat, aber ganz unerheblich ist die Zahl auch nicht. Vielleicht darf ich mich auf sie stützen, wenn ich auf Einiges, was sich mir in der Augenpraxis besonders bewährt hat, bei dieser Gelegenheit noch eingehe.

Die Zeiten, in denen man meine leichtfertige Art, bei wenig schmerzhaften Operationen zu chloroformiren und grosse Quantitäten nicht zu scheuen, mit der Criminaljustiz bedrohte, sind vorüber. Ich habe ihr, da Richter ihr Urtheil motiviren, mehr vertraut, als Referenten, die ohne Angabe der Gründe Kritik üben. Nur in folgendem Falle, der nicht ohne wissenschaftliches Interesse ist, sah es zweifelhaft aus:

„Eine kräftige Frau im Alter von 54 Jahren hatte die ihr vorgeschlagene Enucleation des linken, phthisischen Auges, das spontan und bei Berührung schmerzte, in sicherer Todesahnung verweigert. Als sie sich ein Jahr später freiwillig stellte, geschah es, „weil sie lieber sterben, als erblinden wolle". Sie hatte schon als junge Frau viel an Hemicranien gelitten, die in den letzten Jahren in immer kürzeren Intervallen sich einstellten. Objectiv war nur ein sehr starker Herzstoss ohne nachweisbare Verbreiterung und Herzgeräusche auffallend, im Übrigen keine körperliche Krankheit zu entdecken. — Die Operation musste aus äusseren Gründen acht Tage aufgeschoben werden, während deren die Kranke bei jeder Gelegenheit von ihrem bevorstehenden Tode sprach und von Verwandten und Freunden, die sie besuchten, Abschied nahm. Am Morgen des gefürchteten Tages wurde ihr Herzschlag äusserst stürmisch, sie klagte über „Klopfen in der Brust, Angstgefühl". Ich fand sie gegen 11 Uhr in einem hohen, luftigen Zimmer auf dem Operationslager, ihr Gesicht war blass, der Herzschlag so stark, dass ich die rhythmischen Stösse unter meinem schräg über die Brust der Kranken gelegten Arme fühlte, Antworten auf einige Fragen erfolgten sichtlich ungern, aber ohne Anstrengung. Auf Wunsch der Patientin wurde nicht chloroformirt.

Das Durchschneiden der cocainisirten Conjunctiva war leicht und

dem Anscheine nach schmerzlos. Ich fasste nun den Wundrand mit
der Pincette, um ihn zu heben und in den subconjunctivalen Raum
Cocaïn einzuträufeln, aber kaum hatte die Pincette gefasst, so
schnellte die Kranke mit den Worten „lassen Sie mich los, mir ist
übel, ich muss vomiren" in die Höhe und hinderte mich fortzufahren.
Nach einigen Wiederholungen dieser Scene liess ich Kopf und Hand-
gelenke etwas fester fixiren und für den Nothfall Chloroform bereit
halten, aber noch hatte ich die erste Sehne nicht auf den Haken
genommen, als Ulrich mir zurief, der linke Arm sei plötzlich para-
lytisch geworden, gleichzeitig waren beide Pupillen weit und starr,
das Bewusstsein geschwunden, das linke Bein folgte nach wenigen
Augenblicken, der Athem wurde flach und unregelmässig, nach
30 Minuten etwa war die Frau eine Leiche. — Section verweigert."
Es war meine erste Enucleation ohne Chloroform, der Zufall fügte
es, dass sie gerade nach der Durchschneidung der Conjunctiva schon
tödtlich endete. Sind die zunehmenden Migräneanfälle auf eine senile
Erkrankung der cerebralen Gefässwände (Aneurysmen kleiner Arterien?)
zu beziehen, so lässt sich denken, dass diese dem unter psychischer Er-
regung gesteigerten, intravasculären Druck nicht widerstanden haben.
Wäre das Leben weniger gefährdet gewesen, wenn man durch
Chloroform das Bewusstsein und die Angst, die unmittelbare
Ursache der stürmischen Herzthätigkeit, betäubt hätte? Undenkbar ist es nicht. Übrigens müssen wir ja trotz der Einführung des
Cocaïns die Chloroform-Narcose für Operationen an den Muskeln, Lidern,
in der Orbita noch beibehalten, selbst für Extraction und Iridectomie
ist sie bei sehr ängstlichen Kranken, die ihre Augenmuskeln nicht in
der Gewalt haben, nicht ganz entbehrlich; denn unwillkürliche Augen-
bewegungen hängen mehr von psychischen Erregungen, als von Schmerzen ab.

Das Chloroform bleibt also vorläufig auch noch für uns Ophthalmologen unentbehrlich. In meiner Erinnerung wird es immer als ein Mittel,
das mir meine ärztliche Aufgabe mehr, als irgend ein anderes, erleichtert
hat, eine hervorragende Stelle behaupten: von der Incision des Chalazion
bis zur Exenteratio orbitae sind alle Operationen schmerzlos gewesen,
Nachtheile für den Verlauf der Operation oder die Gesundheit der Operirten habe ich nicht beobachtet, ebenso wenig einen Todesfall, aber
Asphyxien waren allerdings nicht selten, sie sind seltener geworden, je
mehr ich mich an einige Regeln halte, die sofort zur Sprache kommen sollen.

Am häufigsten waren Asphyxien an heissen Sommertagen, im Winter
in überheizten Zimmern und in jeder Jahreszeit, wenn eine relativ grosse

Zahl von Zuschauern die Respirationsluft für den Kranken verschlechterte. Kinder bis zum vierten Lebensjahre waren am meisten gefährdet, Vorboten bei ihnen am schwersten bemerkbar. Die erste Regel ist, sobald die ersten Vorboten sich zeigen, die Operation, wenn selbst ihre Dauer kaum noch auf eine Minute zu veranschlagen ist, sofort zu unterbrechen und mit dem hakenförmig gebogenen Zeigefinger beider Hände die Zungenwurzel nach vorn zu ziehen. Zungenzange und der bekannte Handgriff am Unterkieferwinkel genügen nicht, beide sind dem Assistenten überlassen, Entfernung des Schleimes, Reizen des Kehldeckels und der Schlundwand selbstverständlich. Beginnt die Respiration nicht sofort, so wird Fenster und Thüre, zwischen denen das Bett steht, schnell geöffnet, das Gesicht kalt angespritzt, von unten nach oben gerieben, künstliche Respiration durch das bekannte Manöver, den Darm gegen das Zwerchfell zu drücken, eingeleitet. Während dessen wird die Zunge nicht losgelassen. Wir haben oft Minuten lang auf die erste Inspiration gewartet, aber nie vergebens, wenn jeder auf seinem Posten blieb; die kürzeste Unterbrechung reicht hin, den Collaps zu steigern.

Als Vorboten der Asphyxie werden bei der Tenotomie und Enucleation angesehen und als solche behandelt: 1. keine Reaction von Seiten des Kranken, wenn der Haken die Sehne fasst. Chloroform entfernen, den Kiefer luxiren, ohne die Operation zu unterbrechen. 2. Abpräpariren der Sehne ohne einen Blutstropfen. Zunge mit der Zange vorziehen, Kiefer luxiren, künstliche Respiration ohne Unterbrechung der Operation. 3. Sind alle vier Recti ohne Blutung abpräparirt, so wird die Operation unterbrochen, die Zungenwurzel nach vorn gezogen; denn im nächsten Moment droht Asphyxie. — Bei Kindern entscheidet die Respiration, die dunkle Blutfarbe, das Aufhören der Blutung, am wenigsten der Puls. — Wer die Zunahme der Asphyxien bei jedem Wechsel der Assistenz und die Sicherheit, mit der man die ersten Vorboten in wenigen Augenblicken verschwinden macht, aus eigener Erfahrung kennt, wird mich nicht für zu ängstlich halten und gern auf schnelle Beendigung einer Operation verzichten, um nicht ein Leben auf's Spiel zu setzen.

In der ersten Zeit meiner Praxis, als ich nicht über hinreichendes Personal disponirte, habe ich die Häufigkeit der Asphyxien kennen gelernt, ich möchte nicht gern mehr eine Tenotomie ohne einen Assistenten für die Operation und einen zweiten für die Narcose ausführen, zwei Gehilfen müssen den Kopf und die Hände fixiren, der dritte ist bei unruhigen Kranken jedenfalls sehr willkommen. Die schönen Zeiten der

moralischen Entrüstung, in denen man von solchen, die ihre Patienten
Schmerzen ertragen liessen, weil sie nicht zu chloroformiren verstanden,
wegen „frevelhaften Spiels mit Menschenleben" verdammt wurde, — in
denen man mit bekannter, statistischer Sicherheit aus einem Material
von 100 Extractionen die Nachtheile der Extraction unter Narcose bewies, — liegen hinter uns. Wer, wie Graefe, Chloroform nicht riechen
kann, ohne von einer Hemicranie geplagt zu werden, oder, wie Arlt,
selbst unruhig wird, wenn der Kranke im Excitations-Stadium in starke
Spasmen verfällt, befindet sich in der traurigen Lage, seinen Patienten
die Wohlthat der Empfindungslosigkeit versagen zu müssen, — gegen
den Zuspruch der Moralisten, die vor Allem das Leben nicht gefährden
wollen, wenn sie zu wenig Übung oder Zeit haben, um zu narcotisiren,
sind die Kranken harthörig geworden, — wo sie mit Cocain nicht auskommen, sind die Ophthalmologen, wie alle Chirurgen, genöthigt, zu
chloroformiren, um Schmerzen zu lindern oder zu beseitigen. Für sie
werden die oben gegebenen praktischen Rathschläge sicherlich nicht
überflüssig sein; denn sie sind die Resultate einer langen Erfahrung. —
      Damit ist beendet, was ich über die Einpflanzung von Gesichts-
haut in Intermarginalschnitte zu bemerken habe. Es wird dem
Leser nicht entgangen sein, dass der Inhalt der kleinen Abhandlung den
der vorigen über „Conjunctivitis follicularis" vielfach berührt. In beiden
finden wir eine Eigenthümlichkeit unserer neueren Pathologie, die der
Beachtung werth ist.
      Von den Krankheiten des Lidrandes und dem Ectropion — bald
eine Folge, bald eine Ursache derselben — hat man seit vielen Jahren
genaue, theilweise vortreffliche Schilderungen, die, auf Ätiologie, Prognose,
Therapie eingehend, so weit es der Stand unseres Wissens zulässt, durchaus den Eindruck einer rationellen Pathologie machen. Die Krankheiten
der Haut, der Wimpern und des Cilienbodens, der Meibomschen Drüsen
gehören hierher.
      Mit dem Entropion und der Trichiasis beginnt Speculation und
Willkür. Der Krankheitsverlauf fehlt, die Formveränderung ist gegeben,
aber anstatt ihre Entwickelung bis zu den ersten Anfängen zu verfolgen,
hat man sich an gleichzeitige Lidveränderungen gehalten und in causalen
Zusammenhang gebracht, was neben einander besteht und aus derselben
Quelle hervorgegangen ist. Schon bei dem Symblepharon posterius
ist die Retroversion des freien Lidrandes aus der Narbenschrumpfung
des Übergangstheiles, die doch nur eine Attraction der Lidfläche gegen
das Auge bewirken kann, kaum zu erklären; als aber mit dem Trachoma
Arltii die vortrefflich geschilderte Schrumpfung der Bindehaut und des

Knorpels ihren Einzug in die Pathologie hielt, da wurde alle Beobachtung suspendirt, da schien „des Schrumpfens" kein Ende zu sein: ob die innere Lidkante mit convexer Oberfläche anschwoll, ob sie sich senkte oder „verloren" ging, ob Cilien ausfielen, neu entstanden, ob sie lang oder kurz, normal oder schief gerichtet waren, ob das ganze Lid verbogen, oder nur der freie Rand retrovertirt wurde, — immer schrumpfte es, und wie sehr neue Auflagen von Lehrbüchern auch vermehrt und verbessert wurden, „die Schrumpfung" war das einzige Bleibende im Wechsel der Ansichten und Zeiten. Bald war es die Bindehaut, bald der Knorpel, bald beide, die noch kurz vor ihrem Ende sich aufrafften, um überall ihre Spuren zu hinterlassen, im letzten Stadium des Trachoms gab es nur eine Kraft, die gestaltete, die Allem seine Form gab. Selbst dem complicirt zusammengesetzten Lidrande, dem wohlbekannten wichtigen Streifen, der bis dahin seine pathologische Selbständigkeit glänzend gewahrt hatte, war es verwehrt, auf eigene Hand am Trachom Theil zu nehmen, alle Ausgänge seiner Krankheiten waren und blieben Folgen einer Schrumpfung, deren Wirkung in der Phantasie um so mehr wuchs, je weniger der Verstand sie begriff.

In der nächsten Abhandlung sehen wir dieselbe Erscheinung sich in der Glaucom-Lehre wiederholen. Mit Graefe's geistvoller Druck-Hypothese wird ein werthvolles, diagnostisches Symptom in die Pathologie eingeführt, und eine therapeutische Thatsache, die in unserem Jahrhundert unerreicht dasteht, entdeckt, aber von dem Augenblicke an, in dem der klinische Forscher die physikalische Kraft sich entfalten lässt, anstatt die pathologischen Vorgänge, aus denen sie hervorgegangen, zu beobachten, beginnt die pathologische Dichtung, und heute nach 30 Jahren sind wir auf dem besten Wege zu einer Krankheitsdefinition, die sich von der „Schrumpfung" nur noch durch den Namen unterscheidet.

Aus diesen Gründen zog ich es vor, die Form-Anomalien des Lidrandes bis zu ihren ersten Anfängen zu verfolgen, und kann versichern, dass ich ihre directe Entwicklung aus selbständigen oder von der Conjunctiva des Lidrandes her inducirten Entzündungen beobachtet und den muldenförmigen M. palpebralis mit Retroversion des freien Lidrandes lange, ehe von einer Schrumpfung die Rede war, gesehen habe. Wie oft diese Art der Entwicklung, von der mir Ausnahmen nicht begegnet sind, der C. follicularis angehört, muss natürlich dahingestellt bleiben, bis Andere gesprochen haben werden, die sich auf eigene Erfahrungen stützen können.

Der zweiten und dritten Abhandlung gemeinsam sind makroskopische Krankheitserscheinungen, die von Anderen ignorirt oder falsch gedeutet worden sind. Will man die zweite als Zeugniss für Graefe's Lehre, dass unsere Pathologie von der soliden Grundlage genau beobachteter, typischer Krankheitsbilder ausgehen müsse, gelten lassen, so beansprucht die dritte nur, zu zeigen, dass solche Beobachtungen mitunter passabel brauchbare, therapeutische Folgen haben.

Dass es durchaus nicht meine Absicht war, die beste Trichiasis-Operation zu finden, wird der Leser aus meinen bisherigen Ausführungen entnommen haben. Ich suchte ein mechanisches Princip, um gewisse Form-Anomalien des Lidrandes auf mechanischem Wege zu beseitigen, und als ich es gefunden zu haben glaubte, bemühte ich mich, die Heilungsvorgänge nach der Operation möglichst vorurtheilsfrei zu beobachten. Auf diese Weise habe ich erreicht, nicht nur Theoretisches und Zahlen, sondern auch der klinischen Beobachtung entnommene Gründe zu Gunsten der Operation beibringen zu können.

Die bekannten, „positiven Thatsachen der Beobachtung", die unbegreiflichen, aber durch den Autor verbürgten, realen Erfolge modificirter Operationsmethoden, die in allem Wesentlichen den Originalen gleichen, haben bei mir den Credit verloren, seitdem ich zu oft gesehen habe, dass therapeutische Entdeckungen sich nicht länger bewähren, als bis der Zweck, dem sie dienen sollten, sich erfüllt hat.

Gegen das Princip meines Verfahrens dürfte sich, so weit ich sehe, kaum etwas einwenden lassen. Gelingt es einem Anderen besser, als mir, dasselbe in einer technisch vollkommneren Operationsmethode zum Ausdruck zu bringen, so werde ich unter denjenigen, die zu seinem Verfahren übergehen, sicherlich Einer der Ersten sein. —

IV.

Glaucom.

Dass nicht alle Handlungen genialer Menschen den Stempel der Genialität tragen, dass aber epochemachende Entdeckungen ihnen nicht durch einen Glückszufall, den jeder Andere ebenso gut benutzt haben würde, in den Schooss zu fallen pflegen, hielt ich vor einigen Jahren für eine allgemeine Annahme. In diesem Glauben erklärte ich mit Bezug auf Graefe's Entdeckung der Glaucomheilung durch Iridectomie, „es sei mir unwahrscheinlich, dass genialen Experimentatoren die Resultate „par hazard", wie Lotteriegewinne, in den Schooss fallen sollten", und war nicht wenig erstaunt, als de Wecker mir antwortete, „ich solle keine Phrasen machen, sondern den Beweis liefern, dass Graefe durch geniale Experimente zur Entdeckung der Iridectomie gelangt sei".

Zu meinem lebhaften Bedauern bin ich nicht im Stande, dieser Auf-forderung im ganzen Umfange zu genügen, ich werde mich aber bemühen, „keine Phrasen zu machen". Von den Iridectomieversuchen an Thieren und Menschen wissen wir Alle durch Graefe, dass sie gemacht sind, und was er aus ihnen geschlossen hat. Ob sie an sich genial waren, ist un-bekannt. Aber warum ich Graefe einen „genialen Experimentator" genannt und seine Entdeckungen im Gegensatze zu de Wecker nicht für Geschenke des Glückszufalls angesehen habe, darüber will ich mich gern deutlich erklären. Es fehlen zu einem vollständigen Bilde Graefe's noch viele schöne Züge aus Gesprächen und einem regen Briefwechsel; auch über sein klinisches Wirken ist Manches nachzutragen, worin er unerreicht geblieben ist. Ich hoffe auf die Geduld des Lesers, wenn ich diese Ge-legenheit benutze, um bei seiner Person länger zu verweilen, als es der Gegenstand der Abhandlung, die Glaucom-Frage, erfordert.

Man hat es im Jahre 1854 und später oft genug bewundert, wie es dem jungen Praktiker möglich war, eine Parallele der bis dahin von Nie-mand verstandenen Diphtheritis conjunctivae und der allgemein bekannten Blennorrhoea neonatorum in so klassischer Vollendung zu entwerfen und namentlich die Wirkungen richtiger und verkehrter Behandlungsmethoden mit solcher Präcision anzugeben, dass man glauben musste, von einem alten, ausgezeichneten Kliniker, der das Facit tausendfältiger Beobachtungen ziehe, belehrt zu werden.

Wenn ich nun de Wecker gern zugebe, dass die nächsten Decennien dem Krankheitsbilde der Diphtheritis einiges Unwesentliche hinzugefügt, ebenso die Therapie im Einzelnen etwas modificirt haben, dass ferner nicht viele Krankheitsprocesse in so constanten Bildern, wie die Blennorrhoea neonatorum, auftreten, der glückliche Zufall · also schon bei der Wahl des Themas eine Rolle gespielt habe, so glaube ich doch andererseits aus guten Gründen annehmen zu dürfen, dass wenige therapeutische Versuche Graefe's sehr viel mehr wiegen, als zahlreiche Beobachtungen Anderer.

Nicht allein, dass Niemandem die Eitelkeit, als „Entdecker" genannt zu werden, ferner, als ihm, lag, dass Niemand am Krankenbette all seine Kräfte, wie er, auf das eine Ziel, dem Kranken zu helfen, concentrirte, Niemand den Gründen des Misslingens, irrthümlichen Voraussetzungen, technischen Fehlern unnachsichtiger nachspürte, — es lag nicht nur in seinem Charakter, nicht nur in der Schärfe seiner Beobachtung und seiner genialen Combination, sondern auch in der Methode seiner täglichen Arbeit Etwas, das ihr einen besonderen Werth verlieh.

Zur Zeit meiner Anwesenheit in Berlin im Jahre 1854 behandelte Graefe die blennorrhoischen und diphtheritischen Kranken ausnahmslos selbst, dictirte täglich einen genauen Status, den der das Journal Führende am nächsten Tage, während er selbst das Auge untersuchte, vorlas, und versuchte so, die meist locale Behandlung den von Tag zu Tag controllirten therapeutischen Wirkungen anzupassen. So wurden die Indicationen für die graduellen Abstufungen der Lapis-Lösungen, des Argentum nitricum mite, so die Indicationen für die Anwendung der Scarificationen, bei Cornealaffectionen für die Punction der vorderen Kammer, die Entleerung der Linse gefunden, aus solchen Reihen genau beobachteter und journalisirter Wirkungen wurden allgemeine Regeln abgeleitet, endlich durch Parallelversuche mit anderen Medicamenten die therapeutischen Indicationen und Contraindicationen festgestellt.

Unzweifelhaft hat Graefe die Anregung zu seinen ersten therapeutischen Versuchen in Kliniken und Hospitälern des Auslandes, die er nach seiner Staatsprüfung besuchte, empfangen, von Desmarres und Sichel, von Bowman, Arlt, Friedrich v. Jäger, aber gerade ein Vergleich der frühesten schriftstellerischen Leistungen des Schülers mit den besten Werken seiner Lehrer giebt uns das klarste Bild von Graefe's origineller Genialität als Kliniker.

Als ich die letzten Vorarbeiten für die erste Lieferung des Archivs, die letzten Beobachtungen über Blennorrhoe und Diphtheritis mit erlebte, wurde gleichzeitig die Wirkung des Atropins, das Arlt um dieselbe Zeit aus der Therapie der Iritis acuta verbannt hatte, die Behandlung des Ulcus corneae perforans durch Paracentese nach Desmarres, des Glaucoms, der Iritis und Iridochorioiditis, der Thränensackkrankheiten mit Ferrum candens experimentell studirt, — sämmtliche, ausser der letzteren, mit derselben Genauigkeit, derselben Gewissenhaftigkeit, wie die Blennorrhoe und Diphtheritis. Füge ich hinzu, wie oft wir daran erinnert und durch den Augenschein belehrt wurden, dass es nur wenig Fälle gebe, aus denen Nichts zu lernen, an denen nichts Individuelles zu berücksichtigen sei, dass deshalb fast jeder frische Kranke gleich eingehend examinirt, gleich sorgfältig behandelt wurde, so will ich mich nicht wundern, wenn der Leser zunächst Auskunft über die Dauer einer solchen Poliklinik wünscht. Sie ist leicht gegeben: mit Ausschluss seiner Privatsprechstunden gab es keine Zeit, in welcher in der Carlstrasse für poliklinische Kranke nicht Graefe oder einer seiner Vertreter zu haben war, und erst um Mitternacht pflegte das Tagewerk mit der letzten Visite bei den Extrahirten zu enden.

Es konnte nicht fehlen und kann nicht Wunder nehmen, dass eine solche Art, Pathologie zu treiben, der Praxis reiche Früchte trug. Graefe's Geist hatte das Ganze geschaffen, er hielt es zusammen und belebte es, wenn er selbst auch nicht überall gleichzeitig sein konnte. Was aber den genialen Experimentator anbetrifft, so kam zu den in der ersten Abhandlung besprochenen Eigenschaften Graefe's, dass die vielen Tausende genauer Beobachtungen ihn zu einer erstaunlichen Sicherheit des therapeutischen Individualisirens gebracht hatten, die weit mehr noch, als seine allgemeinen therapeutischen Anschauungen, seiner Behandlung des einzelnen Falles den Charakter vollendeter Originalität verlieh. Man hat sie oft imitirt, aber nie erlernt; denn sie war aus einem Schatze eigener, durch ein untrügliches Gedächtniss zusammengehaltener Erfahrungen, aus der schärfsten, an Analoges in weitestem Umfange anknüpfenden Beobachtung und aus dem immer seltener werdenden, unwillkürlichen Drange, alle geistigen Kräfte auf den therapeutischen Zweck zu concentriren, entstanden. Jüngeren Collegen ist durch eine vorübergehende Zeitströmung eine gewisse therapeutische Nonchalance eingeimpft worden, mehr oder weniger spöttelndes Mitleid mit Ärzten, die sich von Versuchen, ihre Behandlung genau den Eigenthümlichkeiten des speciellen Falles anzupassen, etwas versprechen. An Graefe's klinischen Erfolgen hätten sie sich durch den Augenschein überzeugen können, wie weit ein

berufener Therapeut dem rationellen Indifferentismus überlegen ist, sie
würden unter seinen Gegnern, unter Anhängern anderer Schulen, unter
all den kleinen Neidern, an denen es natürlich nicht fehlte, keinen gefunden haben, der die Sicherheit seiner Therapie, die Prognose der medi-
camentösen Wirkungen von einem Tage zum andern nicht angestaunt hätte.

Kein Zufall war es, dass die bedeutendsten Ophthalmologen aller
Nationen — auch Arlt zählte zu ihnen — Erblindete, die sie für unheilbar hielten, zu dem kaum 30 Jahre alten Specialisten nach Berlin
schickten, in der Hoffnung, es könne der Divination und Combination des
Genies doch vielleicht glücken, was aller Wissenschaft bis dahin Trotz
geboten. Und wie bald erfüllte sich ein Theil dieser Hoffnungen in der
Heilung des Glaucoms! —

Von diesen Gesichtspunkten war ich ausgegangen, als ich Graefe
einen genialen Experimentator nannte, in der Voraussetzung, es gäbe
therapeutische Versuche am kranken Menschen, die zu diesem Ehren-
namen nicht weniger berechtigen, als die „elegantesten" Versuche am gesunden Kaninchen. An den „Glückszufall", der die grossen Entdeckungen
bringt, glaube ich nicht; denn es ist eine alte, klinische, weise Lehre,
man solle in jedem Falle die Regel voraussetzen, bis die Ausnahme erwiesen ist, und es ist eine leider nur durch wenige Beobachtungen bis
jetzt bestätigte Regel, dass hervorragende Kliniker, die ihre ungetheilte
Kraft einzig und allein ihrem Berufe widmen, mehr Fragen an die Objecte ihrer Forschung zu richten, mehr Seiten ihnen abzugewinnen, mehr
Wege, die zu ihrem Wesen führen können, anzugeben wissen, als der
Durchschnittsspecialist, dass ihrer scharfen Beobachtung bei therapeutischen Versuchen minutiöse Veränderungen, die wir übersehen, oder für
unwichtig halten, nicht entgehen, und dass gerade diese unbedeutenden
Veränderungen aus dem reichen Schatze ihres Wissens neue Ideen, die
unmittelbar zur Lösung bereit liegender therapeutischer Probleme Verwendung finden, zu erzeugen pflegen. —

Die druckvermindernde Wirkung der Iridectomie zu entdecken, war
das Terrain für Mackenzie, für Desmarres und für uns Alle genau so gut
vorbereitet, als für Graefe. Er allein fand sie, entweder weil er an die
Iridectomie mehr Fragen zu stellen wusste, oder weil ihm eine Nebenwirkung nicht entging, die Andere übersehen hatten, oder weil die Anderen für diese wohl beobachtete Nebenwirkung keine Verwendung hatten,
während in seinem Geiste schon seit Jahren der Gedanke, die glaucomatöse Erblindung durch dauernde Verminderung des intraocularen Druckes
zu heilen, bereit lag. So kam es, dass eine bei Gelegenheit der Irid-
ectomieversuche gemachte Beobachtung, die im Besitze Anderer unfrucht-

bar geblieben sein würde, durch seine Combination die unmittelbare Veranlassung zur Verhütung einer qualvollen Erblindung wurde, an der seit Jahrhunderten die bedeutendsten Ophthalmologen ihre Kräfte fruchtlos versucht hatten.

Was in de Wecker's Augen als Geschicklichkeit des Klinikers, eigene oder, wie er in diesem Falle meint, fremde Beobachtungen bis zu den letzten Consequenzen für praktische Zwecke auszunutzen, erscheint, lernen wir anders auffassen, wenn wir die verschiedenen Reactionen, die eine neue Entdeckung in dem ausschliesslich seinem ärztlichen und wissenschaftlichen Berufe lebenden Kliniker einerseits und dem nach Ehre und Ruhm strebenden Specialisten andererseits nothwendig hervorrufen muss, aus der verschiedenen Natur Beider ableiten: für den Ersteren ist auf therapeutischem Gebiete jedes Neue, wodurch nicht eine unmittelbare Lösung seiner Aufgabe herbeigeführt wird, nur ein Mittel, bei dem er sich nicht beruhigen kann, bis es mit allen Consequenzen für den einzigen Zweck ausgenutzt ist; für den Letzteren ist jede „Entdeckung" ein sicherer Gewinn, vielleicht ein Theil des Fundamentes zum Prachtbau dereinstigen Ruhmes, vielleicht für immer das einzige Geschenk des Glückes, das um so mehr für die Gegenwart, sei es auch nur durch eine „vorläufige Bemerkung", ausgenutzt werden muss, ehe ein anderer „Entdecker" dasselbe findet, publicirt und mit der Priorität dem Ganzen seinen persönlichen Werth raubt.

Deshalb verdanken wir meiner Auffassung nach die Heilung des Glaucoms nicht einem glücklichen Zufall. Graefe allein war es, dessen hervorragender Beobachtungsgabe die druckvermindernde Wirkung der Iridectomie nicht verborgen blieb, wenn er sich auch über die Sicherheit und Dauer derselben anfangs getäuscht haben mag. Durch ihn allein konnte die Beobachtung für die Behandlung des Glaucoms fruchtbar werden; denn in keinem anderen Geiste, als in dem seinigen, war der Gedanke, dass die Steigerung des intraocularen Druckes das Wesentliche des glaucomatösen Processes sei, zur Überzeugung geworden.

Die Hazard-Hypothese, für deren Richtigkeit de Wecker noch in seiner neuesten Glaucomlehre (Traité complet d'ophthalmologie par C. de Wecker et E. Landolt 1886) Beweise auf Beweise häuft, scheint neuerdings ebenso wenig zu réussiren, als sie sich mit einer älteren Ansicht derjenigen, in

deren Interesse es gelegen haben würde, sie zu unterstützen, in Einklang
bringen lässt; denn in der Antrittsvorlesung des jungen Anderson Critchett beim Beginn des Winter-Semesters 1887/88 in St. Mary's Hospital
heisst es:

> „In 1856 came the remarkable discovery by our beloved von
> Graefe that the dread disease glaucoma which had till then de-
> fied all the efforts of ophthalmic surgeons, might be successfully
> subdued in the greater number of cases by that safe and simple
> operation, iridectomy."

(Lancet, 1887. II, No. XV, p. 700 sq.)

Die Rede ist des Lobes voll für unseren grossen Todten. Es ist
traurig, nicht hinzufügen zu können, „als habe sie einer der Vielen, die
ihm ihr geringes oder nicht geringes Wissen ganz und gar verdanken,
gehalten"; denn Critchett ist nicht ein Schüler Graefe's, sondern seines
Vaters, der bekanntlich neben Bowman als Augenoperateur in London
gefeiert wurde und auch als Schriftsteller Manches geleistet hat. Die
schöne, für den Redner rühmliche, unbedingte Anerkennung beweist Nichts
mehr, als dass man in London durch de Wecker's Beweise nicht allgemein
überzeugt worden ist. Noch werthvoller ist der von keiner Seite pro-
vocirte Verzicht auf Mackenzie's Antheil an der neuen Glaucom-Lehre, den
wir im Supplementbande zu Mackenzie's Übersetzung von Warlomont und
Testelin finden. Wie sicher muss de Wecker seiner Sache sein, um gegen
solche Zeugen seine Behauptung zu wagen und neuerdings aufrecht zu
halten. Ich citire wörtlich aus dem „Supplément contenant l'exposé de
toutes les découvertes et de tous les faits intéressants relatifs à l'ophthalmologie qui se sont produits depuis 1857 publié par Mssrs. Mackenzie,
Testelin et Warlomont":

> p. 486: „tous les symptômes sont le résultat d'une pression interne
> normale, ainsi que nous le démontrerons plus loin....
>
> c'est au professeur de Graefe qu'est due cette manière ingé-
> nieuse d'envisager les affections glaucomateuses: elle lui a permis
> non seulement de mettre de l'ordre dans les idées émises avant
> lui rélativement à un processus pathologique sur lequel les auteurs
> n'avaient jamais jusque là réussi à s'entendre, mais, de plus, d'en
> arriver à une méthode thérapeutique rationelle, dont les heureux
> résultats" etc.

Über die Art, wie Graefe zur Iridectomie gekommen ist, ob durch
Glück oder durch die Beobachtungsschärfe des ausgezeichneten Experi-
mentators, spricht sich zwar das angeführte Citat nicht aus, aber, weit
entfernt die Druck-Hypothese für Mackenzie zu reclamiren, giebt es

Graefe voll und ganz, was ihm gebührt. Wir begegnen hier dem seltenen, vielleicht dem einzigen Falle, dass ein Schriftsteller gezwungen werden soll, Vater eines Gedankens, den er in der zweiten Ausgabe seines Lehrbuches angedeutet, aus der über 1000 Seiten starken, vierten Auflage überall, wo man ihn hineindeuten könnte, vertilgt hat, in alle Ewigkeit zu bleiben. Das Wort ist nun einmal gefallen, gleichviel, ob es später als Irrthum zurückgenommen ist oder nicht, es bleibt sein Eigenthum für alle Zeiten, wie de Wecker und Andere „im Interesse der historischen Wahrheit" verlangen. Selbst Donders' beschwichtigende Aussage, die Mackenzie als den „précurseur", als den Ersten, der die Druck-Hypothese ausgesprochen habe, gelten lässt, von Graefe aber behauptet, dass er die Hypothese nicht gekannt habe, findet keine Gnade. Und mehr noch! Der Fluch der Lächerlichkeit, der viel gefürchteten, vermag das strenge Urtheil nicht umzustossen; denn welcher Uneingeweihte würde, wenn man ihm Mackenzie's Capitel über „Glaucom" und Graefe's erste Abhandlung vorlegte, es nicht lächerlich finden, dass Graefe das Fundament seiner ganzen Lehre einer pathologischen Doctrin, die kaum mit dem wissenschaftlichen Standpunkte der damaligen Zeit entschuldigt werden kann, entlehnt habe?

Ob Graefe die Nemesis in Gestalt seiner jüngeren Zeitgenossen gefürchtet und seine Glaucom-Sünden, um wenigstens für seine Lebenszeit der Berühmteste zu werden, vergrössert haben mag? Fast hat es den Anschein; denn es ist nichts Gewöhnliches, dass Schriftsteller, die ein reines Gewissen haben, ein ganzes Capitel einer wissenschaftlichen Abhandlung zu keinem anderen Zwecke schreiben, als um den Lesern auseinanderzusetzen, wie sie auf rationellem Wege zu einer grossen Entdeckung gekommen seien, während de Wecker doch ganz sicher nachweisen kann, dass Graefe die Entdeckung „zufällig" gemacht und erst nachträglich, als er die Wirkung sah, die dazu gehörige Hypothese erfunden habe.

So traurig ist es um Graefe bestellt; denn selbstverständlich handelt es sich nicht um die Worte „principalement développée", die de Wecker mich in einer Vertheidigung Graefe's mit Unrecht aus Unkenntniss der französischen Sprache nicht verstehen lässt, selbstverständlich ist es ganz gleichgiltig, ob eine Hypothese, nachdem sie sich als fruchtbar bewährt hat, nachträglich noch weiter ausgebaut, vollkommen klar gelegt wird, sondern nur darum, ob die Wenigen, denen die Menschheit grosse Entdeckungen verdankt, von der Richtigkeit ihrer Hypothesen, des Grundgedankens ihrer Hypothesen überzeugt gewesen und durch dieselben zu ihren Entdeckungen gelangt seien.

Der Satz, der von dem Développement der Druck-Hypothese handelt,
heisst wörtlich:

> certes, car l'idée n'était pas nouvelle et elle fut principalement
> développée après la découverte de l'iridectomie, elle n'était
> donc pas fructifiante. (l. c. p. 658.)

Ein zweiter nicht weniger wichtiger lautet:

> il est absolument injuste de vouloir ici exalter le mérite de
> de Graefe au point de faire croire qu'il aurait du fond au comble
> établi la théorie de l'exagération de pression intraoculaire et
> qu'il serait arrivé par un raisonnement basé sur des faits à la
> découverte d'un moyen de réduire la pression, comme si juste
> alors on n'y avait nullement songé. (l. c. p. 659.)

Und damit der guten Dinge drei seien:

> car comment soutiendrait on que de Graefe ait voulu agir par
> l'iridectomie sur le nerf et son expansion, lorsqu'il était encore à
> se demander, si la papille était bombée ou excavée? (l. c. p. 658.)

Unzweifelhaft vorgeschobene Einwände zur Schonung eines Collegen!
Oder giebt es Leser, die solche Gründe für ernsthaft halten? ad 1. genügt natürlich die Überzeugung von der Richtigkeit seiner
Hypothese oder ihres Grundgedankens und der Nachweis, dass
sie zu einer grossen Entdeckung geführt hat, um Graefe's Verdienst über jeden Zweifel zu erheben. Graefe versichert bekanntlich in seiner berühmten ersten Abhandlung Beides. Hätte de Wecker
ihn öffentlich Lügen strafen sollen? Er setzte sich lieber dem Vorwurfe
eines unhaltbaren Einwandes aus. — ad 2. comme si juste alors on n'y
avait nullement songé. Schonender konnte das anrüchige Verhältniss zu
Mackenzie, dessen oben Erwähnung geschah, sicherlich nicht berührt
werden. — ad 3. Graefe's Druck-Hypothese bestand lange, ehe man
wusste, ob die Veränderung der Papille mit dem intraocularen Drucke
zusammenhänge, das Aussehen der Papille würde ihn also verhindert,
nicht veranlasst haben, den Druck zu vermindern. Flüchtige Leser mögen
die Identificirung von „Drucksteigerung" und „Excavation" für eine Zeit,
in der man von dem Zusammenhange beider Nichts ahnte, für baare
Münze gehalten haben. Damit war ihr Zweck erfüllt.

Mit solchen Argumenten entkräftet man die Worte eines weltberühmten Mannes, den Niemand einer Unwahrheit aus Ruhmsucht für
fähig gehalten, nicht. Es lässt sich aber nicht Alles in der Öffentlichkeit
aussprechen, de Wecker's letzte kurze Notiz in Graefe's Archiv (Glaucom
ein Symptom) spricht in wenigen Zeichen, in wenigen, mit gesperrten
Lettern gedruckten Worten deutlicher gegen Graefe's Glaubwürdigkeit,

als lange, unhöfliche, uncollegialische Anklagen. Er hat seine sicheren Beweise und begnügt sich mit Andeutungen.

Leber scheint die Feinheit nicht bemerkt zu haben. Als Redacteur des Archivs befand er sich in einer schwierigen Stellung, er durfte Angriffe gegen Graefe nicht dulden, gleichviel wie sie gemeint waren, und hat sich der schweren Aufgabe glänzend gewachsen gezeigt. In kurzer, würdiger Sprache, die seine persönliche Entrüstung wohl durchblicken lässt, hat er jeden Einwand de Wecker's schlagend widerlegt und zum Schluss eine kleine Mahnung für Alle, die in Zukunft es sich gelüsten lassen sollten, Graefe's ideale Gestalt zu besudeln, hinzugefügt. Die Mahnung kann Nichts schaden, nur für de Wecker, dessen persönliche Verehrung für den grand maître bekannt ist, passte sie nicht. Seine Gründe liegen tiefer. Wer in solch complicirten Situationen klar sehen will, muss den Schriftsteller aus seinen grössten Werken, in denen er sich ganz und frei geben kann, kennen lernen. Ich glaube, die folgenden, dem Capitel „Glaucom" aus dem neuen, grossen Lehrbuche entnommenen Gedanken werden für diesen Zweck genügen. Von ihnen ist der Übergang zu dem Schluss, der neuesten Glaucom-Lehre ein unmittelbarer.

Es handelt sich darum, „im Interesse der historischen Wahrheit" nachzuweisen, wem das grosse Verdienst, die neue Glaucom-Lehre geschaffen zu haben, zukomme. Die Untersuchung ist der Mühe werth; denn wie mangelhaft auch noch nach Graefe's eigenen Worten die neue Lehre, wie unklar die Wirkung der Iridectomie sein mag, Niemand leugnet, dass unsere heutigen Anschauungen einen grossen Fortschritt gegen die erste Hälfte des Jahrhunderts, speciell gegen die Zeit Mackenzie's bezeichnen. Die Geschichte der Medicin würde de Wecker zu grossem Danke verpflichtet sein, wenn es ihm gelungen wäre, andere geistige Väter der glänzenden, neuesten Phase unserer jungen Wissenschaft zu entdecken, als die bisher angenommenen.

Wir brauchen nicht lange zu warten. de Wecker's Lehrbuch bringt uns in einem der ersten Sätze seiner Glaucom-Lehre Alles, was wir suchen (2. Auflage 1886 p. 608):

„cette définition du glaucome considérée comme une rupture d'équilibre entre sé- et excrétion oculaire (que nous avons le premier donnée) restera en ophtalmologie, aussi bien que la constatation capitale faite par Mackenzie et si fructueusement développée par de Graefe de l'augmentation de la pression oculaire dans la manifestation glaucomateuse et doit constituer la base fondamentale de nos connaissances sur le glaucome." Wenn ich auch nicht wörtlich übersetze, werde ich doch all meine Sprachkenntniss zusammennehmen, den Sinn der citirten Sätze richtig wiederzugeben. Ich unterwerfe mich der Controlle des Lesers. Nach dem soeben wörtlich angeführten, wichtigen Citate haben sich drei Männer um die heutige Glaucom-Lehre besonders verdient gemacht:

Mackenzie durch die constatation capitale der Drucksteigerung,
Graefe durch die Entwicklung dieses Gedankens,
de Wecker durch die Auffassung der Drucksteigerung als Folge einer Gleichgewichtsstörung von Se- und Excretion. Diese Auffassung ist das Fundament aller unserer Kenntnisse vom Glaucom (resp. unserer Erkenntniss).

Im Wechsel der Dinge alt geworden und von der Vergänglichkeit alles Irdischen (wozu allerdings streng genommen das geistige Product de Wecker's nicht gehört) überzeugt, will ich über die Prophezeiung, dass die Druck-Hypothese und de Wecker's Deutung gleich lange leben werden, nicht streiten.

Eine andere Frage aber, die durch das Citat angeregt wird, ist zu wichtig, als dass ich sie unterdrücken dürfte: ist Graefe auf die Drucksteigerung selbständig gekommen, oder hat er nur Mackenzie's Gedanken weiter entwickelt? Im letzteren Falle träfe ihn nämlich die entehrende Schuld, einen verdienstvollen Collegen im eigenen Interesse um die wohl verdiente Frucht ernster Arbeit dadurch gebracht zu haben, dass er ein ganzes Capitel seiner ersten grossen Abhandlung (Archiv III) dem einzigen Zwecke, die Entdeckung der Glaucom-Heilung aus seiner Druck-Hypothese zu schildern, ohne Mackenzie's Namen zu nennen, gewidmet hat. Ich möchte um Alles nicht zu denjenigen gehören, die unserem grossen, verehrten Todten eine so schwere Anklage ohne unwiderlegliche Beweise in's Grab nachschicken.

Ist meinem geringen Verständniss der Sache und meiner noch geringeren Kenntniss der französischen Sprache oder meiner Aufmerksamkeit nicht eine entscheidende Äusserung de Wecker's entgangen, so hat er die Entdeckung der Druck-Hypothese Graefe nicht direct abgestritten, aber noch viel weniger zuerkannt. Vielleicht gewinnt der Leser ein Urtheil über seine Meinung, wenn ich ihm einige Citate bringe.

So heisst es mit Bezug auf diejenigen, die gleich mir nicht zufrieden sind, wenn man dem eminent begabten grand maître die Entdeckung der

Iridectomie-Wirkung („le fait d'un concours de circonstances heureuses")
lässt, sondern ihm auch noch die Druck-Hypothese zuschreiben möchte:
„non, il dut aussi avoir tout préparé pour cette découverte,
avoir mis le doigt sur le fait de l'exagération de la
pression et avoir été en quelque sorte l'instigateur de tout
traitement destiné à reduire la pression intraoculaire. Il faudra
pourtant bien se résigner; la constatation de l'exagération de
pression, déjà entrevue par Weller, revient principalement
à Mackenzie, la propagation des moyens chirurgicaux pour réduire
la pression à Desmarres." (p. 658.)

Durch Donders hat de Wecker zwar, wie wir Alle, erfahren, dass
Graefe Mackenzie's Andeutungen nicht gekannt und die Druck-Hypothese
durch eigene Beobachtungen selbständig geschaffen hat, aber
ob de Wecker diesem Zeugnisse unbedingtes Vertrauen schenkt, darüber
erfahren wir Nichts, und darauf kommt es doch allein an. Wenn nämlich Graefe auf die Bedeutung der Drucksteigerung nicht
durch Andere gebracht ist, so ist unsere heutige Glaucom-
Lehre sein Kind, für dessen gesunde Entwicklung er bis zu
seinem Tode allein gesorgt hat, und es ist gleichgiltig, ob
dasselbe Ähnlichkeit mit einem ihm unbekannten, todt ge-
borenen Kinde Weller's oder Mackenzie's hat, denn so viel
werden auch die „Schwärmer für historische Wahrheit" zugeben müssen, dass in der Wissenschaft von Weller's und
Mackenzie's Nachkommenschaft kaum vorübergehende Lebens-
zeichen bekannt sind.

Man muss sich nach Gründen umsehen, warum de Wecker für diese
armen, lebensunfähigen Wesen einen so luxuriösen Gebrauch von seiner
Eloquenz gemacht hat, aber leider finden wir wieder (p. 659):

„Mr. Mauthner a donc parfaitement raison en disant que Mackenzie
est celui qui a principalement insisté sur l'anesthésie de la
rétine par exagération de la pression."

Es ist oben schon bemerkt worden: Niemand hat das Recht, einen
Schriftsteller zur ewigen Vaterschaft für Gedanken zu verurtheilen, die
er in der letzten Auflage eines Buches direct zurückgenommen oder geändert hat. Dass es sich mit Mackenzie so verhält, lässt sich aus einem
höchst unerquicklichen Streite, den ich mit Mauthner durchgemacht habe
(Graefe's Archiv und Wiener medicinische Wochenschrift), nachweisen:
Mauthner hatte aus der zweiten Auflage von Mackenzie's Lehrbuch citirt,
mir war es unmöglich, die zweite Auflage aufzutreiben, ich verglich die

vierte, die käuflich war, und fand alle Citate unrichtig, alle zu meinen Ungunsten verändert. Ich liess mich durch die auffallende Erscheinung, in einem über 1000 Seiten starken Lehrbuche gerade die wenigen, für unseren Streit wichtigen Sätze sämmtlich verändert zu finden, verleiten, an tendenziöses Citiren zu glauben, während Mackenzie selbst es war, der einen flüchtig gefassten Gedanken stillschweigend revocirt hatte. Was würde de Wecker dazu sagen, wenn man ihm das Glaucom seiner ersten Auflage heute noch vorwerfen wollte, selbst wenn das der zweiten nicht werthvoller wäre?

Die Historiker pflegen nicht nach Jahreszahlen und Worten allein zu fragen, wenn sie die Väter neuer Ideen suchen. Nicht der Erste, der von der „Marmorhärte des glaucomatösen Auges" gesprochen hat, ist der Vater der Lehre, die alle Symptome des Krankheitsbildes und den ganzen Verlauf der Krankheit von der intraocularen Drucksteigerung herleitet. Gerade dass Graefe in diesem Punkte zu weit ging, zeigt uns, wie sehr er von der Richtigkeit des Gedankens überzeugt war. Wie consequent er denselben nicht nur durch das zu Mackenzie's Zeit allein bekannte Glaucoma inflammatorium, sondern durch die ganze Pathologie des Auges verfolgte, zeigen uns die von ihm entdeckten, chronischen und secundären Glaucome, die erdrückende Majorität glaucomatöser Processe gegenüber dem alten Glaucom. Sollen diese grossen Entdeckungen, wie de Wecker meint, Nichts weiter sein, als ein Développement der „capitalen Constatation Mackenzie's"? Und wer hat auch nur den Schatten eines Beweises beigebracht, dass diese capitale Constatation ihm nicht mindestens mit demselben Rechte, wie Mackenzie, als Eigenthum angehört? Bis jetzt hat . sich zu dieser Eigenthumsfrage nur ein Zeuge gemeldet, nämlich Graefe selbst im dritten Bande des Archivs, aber es scheint, „die historische Gerechtigkeit" erhebt ihre Anklagen auf jeden Verdacht hin ohne Beweismaterial und bestreitet dann dem Angeklagten das Recht der Selbstvertheidigung oder setzt wenigstens in seine Aussagen kein Vertrauen.

Die englischen Collegen, die selbst gerecht und wahr genug sind, ihr scheinbares Anrecht auf die neue Glaucom-Lehre zu Gunsten Graefe's aufzugeben, sind es, die sich vorzugsweise de Wecker's Gunst gefallen lassen müssen:

> „je ne sache pas que de Graefe se soit le moins du monde formalisé d'avoir, dix ans après sa découverte, insisté sur ce que l'exagération de pression intraoculaire avait été signalisée en Angleterre, pour la première fois, comme la conséquence d'un accroissement du volume de corps vitré, et c'est contre cette

augmentation de tension que l'on pratiquait déjà en 1830
(Mackenzie, Middlemore) les paracentèses scléroticales" etc.
und endlich:

> „il est donc incontestable que de Graefe n'a pas créé d'emblée
> la théorie de l'augmentation de pression telle, qu'elle a cours
> actuellement, et que Mackenzie y a pris une large part" etc.

Diese Citate sind für mich entscheidend. Mackenzie's und Middlemore's
scleroticale Paracentesen vom Jahre 1830 waren zu der Zeit, als unsere
Glaucom-Lehre entstand, erst vor 25 Jahren geboren und gestorben, als
wir einstimmig und in Übereinstimmung mit den Engländern keinen An-
stand nahmen, Graefe als den Vater der Druck-Hypothese zu bezeichnen,
ebenso wie wir Arlt die Entdeckung des Intermarginalschnittes lassen,
obgleich die Menschheit sich schon 1200 Jahre durch Aetius in seinem
Besitze befand. Aus der Art, wie beide ihre Aufgaben erfassten und ein
Mittel zum Zwecke fanden, sahen wir deutlich, dass ihnen die Vaterschaft für Gedanken gebührte, die Andere vor Zeiten flüchtig erfasst
und entweder verworfen oder für wissenschaftliche Zwecke zu verwerthen
nicht verstanden hatten. Aus dem ersten Citate folgt also der Schluss,
dass Graefe die Druck-Hypothese nicht d'emblée geschaffen habe, keineswegs.

Das zweite spricht mehr positiv: „Mackenzie gebührt ein grosser
Antheil an der heutigen Theorie der glaucomatösen Drucksteigerung."
Die heutige Theorie ist, wie die besten Lehrbücher aus der Mitte des
Jahrhunderts, unter anderen Arlt's „Lehre von den Krankheiten des
Auges" zeigen, erst nach dem Jahre 1850 geboren; Bemerkungen älterer
Autoren über „die Härte des Auges", fruchtlose Versuche, das Glaucom
durch Punction zu heilen, sind überall erwähnt worden, von einer
Theorie, nach welcher Drucksteigerung das Wesen des Glaucoms, der Grund jedes Symptomes, des ganzen Krankheitsverlaufes, das einzige Ziel der Therapie sei, ist vor Graefe
nie die Rede gewesen. Soll Mackenzie an dieser Theorie einen
grossen Antheil haben, so ist keine andere Möglichkeit denkbar, als die, dass Graefe sich fremde Gedanken angeeignet
und für seine eigenen ausgegeben hat. Ich nehme an, dass an
einer Theorie prendre une large part nur möglich ist, wenn man auf
diejenigen, welche als Väter der Theorie in der Literatur gelten und
ihre weitere Entwicklung leiten, irgend einen Einfluss ausgeübt hat.
Unter dieser Voraussetzung komme ich leider zu dem Endresultate, dass
de Wecker das Verdienst, die Druck-Hypothese selbständig als Resultat
eigener Beobachtungen aufgestellt zu haben, Graefe abspricht. Schon
das Wort développer war verdächtig; denn man kann Nichts weiter

entwickeln, was man nicht hat, und wenn Graefe die Druck-Hypothese
nicht aus sich hatte, so musste sie einem Anderen entlehnt und nachträglich den Ophthalmologen als eigene Erfindung vorgeführt sein.

Unter diesen Umständen muss ich allerdings die vollkommen unhaltbaren Einwände, die ich oben (p. 126) als Producte collegialischer
Opferbereitwilligkeit aufgefasst habe, für baare Münze nehmen, wenn
auch nur für Münze, gegen die man eine Antwort höchstens auf aus-
drückliches Verlangen einzutauschen hoffen darf. Die Anhänger Graefe's
werden ihre Freude daran haben, seine grossen Verdienste um die
Glaucom-Lehre mit so schlechten Gründen bekämpft, die letzten Versuche,
seine wissenschaftliche Bedeutung zu verkleinern und seinen Charakter
in zweifelhaftem Lichte erscheinen zu lassen, so schlagend und unwider-
leglich, wie es durch Leber im Archiv geschehen ist, zurückgewiesen zu
sehen, und „die Vertreterin der historischen Wahrheit", meine ich, wird,
wenn sie die Namen der Besten, welche durch Wissenschaft die Menschheit von schweren Geisseln befreit haben, in ihre ehernen Tafeln ein-
gräbt, die Quelle, aus welcher die ersten Zweifel an Graefe's Zuverlässigkeit herstammen, höflich als eine „nicht classische" bezeichnen. —

Nur um nicht mit leeren Händen dabei zu stehen, wenn es sich um
historische Wahrheit in der Glaucom-Lehre handelt, will ich in kurzen
Worten eine Mittheilung machen, die vielleicht geeignet ist, den Werth
wissenschaftlicher Quellen für die ersten Jahrzehnte der neuen Lehre zu
beleuchten und zugleich in der viel umstrittenen Frage des Schulunter-
richtes die Wichtigkeit guter Kenntnisse in den neueren Sprachen selbst
für wissenschaftliche Discussionen über „intraoculare Drucksteigerung"
ad oculos zu demonstriren.

In einem wissenschaftlichen Streite über gewisse Punkte der Glaucom-
Lehre, zu dem mir in Graefe's Archiv Band 32 und 33 Raum vergönnt
wurde, war ich genöthigt, aus de Wecker's neuestem Lehrbuche die folgenden Worte zu citiren:

„un symptome qui peut compliquer toute affection oculaire".
Den Sinn dieser Worte richtig zu verstehen, war von grosser Wichtigkeit; denn einige Seiten weiter war zur Unterstützung für de Wecker's
bekannte Glaucom-Hypothese an jedem Theile des Auges von der Conjunctiva bis zum N. opticus die Frage beantwortet worden, ob er sich
im pathologischen Zustande mit Glaucom compliciren könne, oder vielmehr, ob man an ihm solche Complicationen beobachtet habe (der Leser
dürfte errathen haben, dass das „symptome qui peut" etc. das Glaucom

selbst sein soll). Da die Antworten für einige Theile bejaend, für andere
verneinend ausfielen, glaubte ich, zwischen der allgemeinen Definition und
den Resultaten specieller Beobachtungen einen Widerspruch zu finden,
und war unvorsichtig genug, mich dahin zu äussern; denn nach Allem,
was ich von der französischen Sprache gelernt hatte, musste die Übersetzung der französischen Worte in unsere Sprache lauten:

„ein Symptom, welches jede Augen-Affection compliciren (zu
jeder hinzutreten) kann",

— ein Irrthum, in dem ich übrigens nachträglich durch mehrere Franzosen, unter Anderen auch Pariser, die allerdings mit der Glaucom-
Literatur nicht vertraut waren, bestärkt wurde.

Mit doppelter Negation hatte ich den Sinn folgendermaassen aufgefasst:

„es giebt keine Augen-Affection, die sich nicht mit Glaucom
compliciren kann."

Meiner Sache vollkommen sicher, hatte ich an die Möglichkeit einer
falschen Übersetzung nicht im Entferntesten gedacht, bis ich zu meiner
nicht geringen Überraschung in Graefe's Archiv (p. 251) von de Wecker
selbst erfuhr, dass ich aus Unkenntniss der französischen Sprache
gefehlt habe. Was die neueste, französische Glaucom-Sprache nämlich
mit den citirten Worten sagen will, ist nach de Wecker wörtlich Folgendes:

„indem ich angebe „qui peut compliquer toute affection oculaire",
ist schon klar gesagt, dass nicht alle Augen-Affectionen sich
mit Glaucom compliciren."

Leider hat er in seiner gütigen Belehrung nicht den kleinen Schritt
weiter gethan, mir mitzutheilen, wie man in der Glaucom-Literatur den
Gedanken ausdrückt:

„Glaucom ist ein Symptom, welches jede Augen-Affection
compliciren kann." —

Der polemische Theil der kleinen Abhandlung ist hiermit beendet.
Da sich Graefe's Person von der durch de Wecker angeregten Frage nicht
trennen liess, war es leider nicht möglich, alles Persönliche zu vermeiden.
Von den drei hervorragenden Gestalten, denen wir, wie de Wecker behauptet, die neue Glaucom-Lehre verdanken, habe ich Mackenzie und
Graefe zugetheilt, was jedem an Verdienst um die Druck-Hypothese und
ihre Consequenzen gebührt. Als dritter bleibt de Wecker. In seiner
Bescheidenheit reclamirt er für sich nur das Fundament aller Kenntnisse
über das viel umstrittene Object, er stellt damit die schon durch die
Wichtigkeit des Gegenstandes lohnende Aufgabe, das Fundament zu
untersuchen.

Der zweite Theil wird demnach ein kritischer sein müssen, aber es ist mir erspart, über den reichen Inhalt eines mehr als hundert hohe Seiten bedeckenden Capitels ein Urtheil abzugeben. Nur die Frage, ob die neue Definition als Fundament der ganzen Lehre für so lange Zeit, als die Druck-Hypothese gelten wird, brauchbar sei, habe ich zu untersuchen, auf specielle Fragen nicht weiter einzugehen, als sie sich von dieser allgemeinen nicht trennen lassen. Ich werde mich kurz fassen können, da Manches in dem wichtigeren, dritten Theile, der von der Entwicklung der Glaucom-Lehre durch Graefe und seine Nachfolger, von der wissenschaftlichen Berechtigung derselben, von den Aufgaben, die wir lösen können, im Allgemeinen und von denen, die der nächsten Zukunft gestellt sind, im Speciellen handelt, eingehender besprochen werden muss.

Schon ehe ich die Definition de Wecker's niederschreibe, stosse ich auf eine Schwierigkeit. „Was soll definirt werden?" „Glaucom." „Welches sind die Krankheitsbilder, die eine auf „Glaucom". lautende Diagnose rechtfertigen oder fordern?" In der neuesten Ophthalmopathologie lässt sich die subjective Ansicht der Autoren nicht so viel Zwang auferlegen, als in früheren Zeiten, — wie wir in der zweiten und dritten Abhandlung gesehen haben, bindet man sich nicht an Termini technici, man acceptirt das Wort, behält sich aber vor, ihm einen Sinn zu geben. In der neuen Glaucom-Lehre war es nie anders. Für Graefe gab es noch ein einziges, hinreichend gut beschriebenes Krankheitsbild, dem seit Jahrhunderten eine unrichtige Auffassung des Pupillar-Reflexes den Namen Glaucom gegeben hatte; an dieses und an dieses allein konnte er sich halten, als er das Wesen der pathologischen Erscheinungen zu erkennen versuchte, aber durch diese Versuche wurde das Gebiet des Glaucoms oder vielmehr der glaucomatösen Processe erweitert, an das alte Krankheitsbild reihten sich neue, dem alten in ihrem äusseren Aussehen so unähnlich, wie möglich. Wer seitdem definiren und nicht willkürlich decretiren, nicht ein pathologisches Wesen erdichten und es in Krankheitsbilder hineintragen, sondern aus seinem Beobachtungsmaterial Gleichartiges zusammenfügen und aus gemeinsamen, charakteristischen Eigenthümlichkeiten zur Definition des Namens gelangen wollte, der musste vor der Definition die Symptome der von ihm als glaucomatöse anerkannten Krankheiten beschreiben. Die Mehrzahl der Zeitgenossen hat Graefe's Glaucome acceptirt mit Ausschluss derjenigen Fälle von Glaucoma simplex, in denen die Rand-Excavation das einzige Symptom ist.

Von de Wecker habe ich den Eindruck gewonnen, dass er eine durch den Tastsinn nachweisbare Drucksteigerung für das Cardinal-Symptom hält, also „Rand-Excavationen bei normalem

oder subnormalem Druck" ausschliesst. Im Übrigen scheint seine
Definition für alle Krankheitsbilder, die wir seit Graefe zu den glaucomatösen zählen, gelten zu sollen, wenn er denselben auch aus Gründen,
die mit seiner Ansicht von dem Wesen der Krankheit zusammenhängen,
andere Namen beilegt:

das Glaucome prodromique entspricht ungefähr Graefe's prodromalem
Glaucom,

das Gl. chronique simple dem seit Donders als Gl. simplex bekannten,

das Gl. chronique irritatif dem Gl. inflammatorium chronicum,

das Gl. irritatif aigu et fulminant dem Gl. acutum und Gl. fulminans,

Durch die Wahl des Wortes „irritatif" anstatt „inflammatoire" soll
markirt werden, dass Graefe's „seröse Chorioiditis" ebenso, wie Donders'
„Glaucoma cum inflammatione" zu verwerfen, dass in den Krankheitsbildern des Glaucoms — in den acuten, wie in den chronischen — nichts
Entzündliches zu finden, dass alles scheinbar Entzündliche offenbar als
directe Folge der Drucksteigerung aufzufassen, eine Entzündung bei Drucksteigerung und Glaucom geradezu ausgeschlossen sei.

Wie wichtig dieses Dogma für de Wecker's Auffassung der glaucomatösen Krankheiten ist, zeigen die häufigen Wiederholungen desselben
bei den einzelnen, bisher für entzündlich gehaltenen Symptomen, die Angriffe gegen Ungläubige, unter denen genannt zu werden auch ich die
Ehre habe, die sogenannten Beweise, aus denen das Wahre folgen soll
und beim besten Willen nicht folgen kann, weil die Thesen falsch, die
Schlüsse selten richtig sind.

Nicht aus diesem Grunde halte ich mich bei der Entzündungsfrage
auf, sondern einmal, weil sie in der That für de Wecker's Auffassung
nicht unwichtig ist, sodann weil sie auf einem weit entlegenen Gebiete
als eclatantes Beispiel für das planlose Herumtasten der Pathologen,
das in der zweiten Abhandlung besprochen wurde, vortreffliche Dienste
thun kann.

Die „eigenthümlichen Neoplasmen" des Trachoms vom Jahre 1880
hätten wenigstens ihrem klinischen Entdecker eine vortreffliche Lehre
sein müssen, aber sie scheinen ihm ebenso wenig, als der Pathologie, genützt zu haben. Wiederum hat er dem pathologischen Anatomen vor-
gegriffen und die Möglichkeit einer Chorioiditis bestritten, während tüchtige Mikroskopiker aus guten Gründen noch nicht gewagt haben, sich
endgiltig zu entscheiden, und Sectionsberichte über chronisches und acutes
Glaucom, nach denen eine Chorioiditis unbedingt sicher festgestellt ist,
immer häufiger werden. Die Einwände gegen den Zusammenhang von
Glaucom und Entzündung, wenn sie gleichzeitig in demselben Auge vor-

kommen, sind mir wohl bekannt und zum Theil berechtigt, aber man vergesse nicht, dass die Einwände nicht Gegenbeweise gegen die Richtigkeit der Annahme, sondern nur Einwände gegen die unbedingte Beweiskraft des Sectionsbefundes sind!

Die genauen Untersuchungen zweier, wenn ich nicht irre, jüngerer Collegen, deren Vorsicht im Schliessen und ruhige Abwägung aller Schwierigkeiten, die einer Verwerthung klinischer und anatomischer Befunde für eine Entscheidung über „das Wesen des Glaucoms" im Wege stehen, jedem ein Beispiel wissenschaftlicher Gründlichkeit sein sollte, darf kein Kliniker ignoriren. Mögen die evidenten Entzündungen und consecutiven Stasen im Stromgebiete der Chorioidalvenen für manche Hypothese noch so unbequem sein, die im 32. Bande des Archivs 1886 veröffentlichte Abhandlung von Czermak und Birnbacher verdient die höchste Beachtung aller derjenigen, die sich mit der Glaucom-Lehre beschäftigen, sie muss in den für die Entzündungsfrage wichtigen Punkten widerlegt sein, ehe man wagen darf, von der Drucksteigerung zu behaupten, sie schliesse entzündliche Processe aus.

Und welches sind die klinischen Gründe, die gegen Entzündung sprechen? Ich will nur zwei, die nicht zur Ruhe kommen, anführen, weil ich ihnen seit Jahren meine besondere Aufmerksamkeit zuwende und kein acutes Glaucom operire, ohne einen meiner Assistenten speciell um genaue Beachtung des folgenden Symptoms zu bitten. Der „Humor aqueus" soll nach de Wecker und Anderen im acuten Anfalle klar sein, ebenso das „Corpus vitreum", die Cornea allein soll die Trübung aller brechenden Medien vortäuschen.

Dass Graefe auf „die rauchige Trübung der Cornea" zu wenig Accent gelegt, und Liebreich, wenn ich nicht irre, zuerst auf ihre Constanz und Bedeutung für den Sehact die Aufmerksamkeit gelenkt hat, ist bekannt; hinzufügen will ich noch — hoffentlich mit stillschweigender Erlaubniss, dass Alfred Graefe mich vor längerer Zeit auf ein sehr elegantes, frappantes Experiment, wie man das schnelle Kommen und Gehen gewisser Hornhauttrübungen demonstriren könne, hingewiesen hat, und dass ich auf diese Belehrung Werth genug gelegt habe, um meine Beobachtungen besonders streng zu controlliren, — aber trotzdem bleibt es beim Alten, die Trübung des Kammerwassers ist nicht immer, aber um so mehr, je dichter die Gesammttrübung der Medien, je weniger frisch der acute Anfall ist, für das blosse Auge deutlich zu erkennen.

Fälle, in denen bei der Iridectomie eine graue, fibrinöse Masse aus dem Colobom in die Kammer rückte und sich mit dem Humor aqueus entleerte oder auch zurückblieb, habe nicht ich allein beobachtet, — zwei

Tage, bevor ich diese Zeilen niederschreibe, operirte ich ein acutes Glaucom, das mit einem kleinen Hyphäma aufgenommen wurde und am Operationstage einen schmalen Hypopion-Streifen zeigte, aber das Experimentum crucis ist der Tropfen Humor aqueus auf der Iridectomie-Lanze unmittelbar nach dem ersten Einstiche, der mitunter gelbliche, mitunter deutlich gelbe Reflex des silberglänzenden Metalls. Ob man de Wecker's Einladung folgen soll, die Durchsichtigkeit des Humor aqueus bei elektrischem Lichte zu studiren, lasse ich dahingestellt sein; in der Regel wählt man mattes Licht, um matte, diffuse Trübungen flüssiger Substanzen nicht zu übersehen.

Dasselbe gilt für das Corpus vitreum! Je länger acutes Glaucom bestanden hat, desto länger deckt, wenn die Cornea ganz klar geworden ist, ein matter Schleier das Bild des Augenhintergrundes, desto leichter ist es, sich mit dem Planspiegel von einer diffusen Trübung des Glaskörpers zu überzeugen. Ich habe vor Jahren schon die damals empfohlenen Glaskörperpunctionen ohne Erfolg versucht, aber Eines habe ich aus denselben gelernt, dass man mitunter trotz tiefem Einstiche nur einen oder einige entschieden gelbe Tropfen einer zähen, klebrigen Flüssigkeit aus Augen entleert, in denen kurz vor der Punction ophthalmoskopisch nicht mehr nachzuweisen war, als die gewöhnliche diffuse Medientrübung.

Die Trübung des Humor aqueus und Corpus vitreum im acuten Glaucom-Anfalle ist also sicher nachgewiesen, und zwar nicht durch mich allein, sondern durch eine nicht geringe Anzahl älterer und jüngerer Ophthalmologen, Sectionsbefunde sind ebenfalls vorhanden, und ich hoffe, es wird nicht lange währen, bis mein College Vossius aus der Sammlung der Klinik neue Fälle, die zu Gunsten colossaler Venenstauungen und deutlicher Glaskörpertrübung sprechen, den älteren hinzufügen wird. Dass beide Flüssigkeiten in frischen Fällen klar sein oder für das unbewaffnete Auge klar scheinen können, würde ich de Wecker unbedingt geglaubt haben, wenn ich es nicht schon lange wüsste. Wie schon oben bei der Conjunctivitis follicularis acuta gezeigt wurde, die Richtigkeit einer klinischen Beobachtung wird dadurch nicht widerlegt, dass sie ein Einzelner in seinem Material, und wäre es selbst das grosse, pariser Material de Wecker's, nicht gemacht hat.

Die Entzündungsfrage hat uns zwei Fehler gezeigt, denen wir in der neuen Pathologie nicht selten begegnen: das Übergreifen der Pathologie auf Gebiete, in denen sie mit ihren Methoden und Hilfsmitteln zwar Hypothesen aufstellen, selbst der fachmännischen Untersuchung werthvolle Winke geben, aber nie ein entscheidendes Wort sprechen kann, —

und die Geringschätzung fremder, verbunden mit Überschätzung eigener Erfahrungen. Der zweite Fehler ist für unsere Wissenschaft der gefährlichere; denn keine Pathologie ist so sehr auf die Beobachtungen Vieler angewiesen, als die unsrige, die vom Lebenden zu lernen suchen muss, was andere klinische Disciplinen mit Hilfe der pathologischen Anatomie erkennen. —

Die neue Definition, das Fundament aller wissenschaftlichen Erkenntniss auf dem Gebiete der Glaucom-Lehre, wie de Wecker sie selbst nennt, war wohl geeignet, unsere Erwartungen hoch zu spannen. Sieben Jahre waren nach Beendigung seiner Universitätsstudien vergangen, als Graefe die Druck-Hypothese definitiv formulirte und die Heilwirkung der Iridectomie zu erklären versuchte. Der Gegenstand hat ihn zu beschäftigen nie aufgehört; der klinische Werth seiner späteren Abhandlungen ist von Jedermann anerkannt werden, aber als er nach 15 Jahren mit dem bescheidenen Bekenntniss, hinter seiner Aufgabe zurückgeblieben zu sein, starb, wird Mancher mit ihm empfunden haben, wie wenig die glänzenden, durch die erste Abhandlung erregten Hoffnungen in Erfüllung gegangen waren. Auf die Gründe komme ich später.

Von de Wecker wissen wir, dass er mit dem Eindrucke der ersten Iridectomien aus Berlin nach Paris kam. Seine Definition ist das Resultat dreissigjähriger Erfahrungen an einem Material, das ihm jährlich Gelegenheit zu 100 Glaucomoperationen und mehr als 100 Beobachtungen nicht operirbarer Fälle gegeben hat. Als unbedingter Anhänger der Druck-Hypothese geht er bis zu der Behauptung, dass bei jeder glaucomatösen Excavation die Drucksteigerung durch Palpation nachweisbar sei. Soweit befände er sich also auf Graefe's Seite, wenn er auch Mackenzie als den Vater der Druck-Hypothese bezeichnet.

Die Krankheitsbilder, aus denen er seine Definition abstrahirt hat, sind ebenfalls die des alten und der neuen, von Graefe entdeckten, glaucomatösen Processe mit Ausschluss derjenigen Fälle von Glaucoma simplex, bei denen die Spannung des Auges normal oder subnormal ist. Was ihn von Graefe principiell trennt und, wie wir bei der Entzündungsfrage gesehen haben, zunächst in den Krankheitsnamen zum Ausdrucke kommt, ist seine Ansicht von der Stellung, die das Glaucom im Vergleich mit anderen Krankheitserscheinungen im pathologischen Systeme einnimmt.

Die nähere Bestimmung dieser Stellung, die ich als Einleitung dieses Abschnittes besprochen habe, ist missglückt. Sie ist in der französischen Sprache des Originals zu zweideutig; von einem pathologischen Dinge, welches in der allgemeinen Definition „peut compliquer toute affection oculaire", erwartet die Majorität der Leser nicht, dass es im speciellen Theil als Complication einiger Krankheiten auftreten, aus der Gesellschaft anderer unbedingt excludirt werden wird. Die Worte werden so geändert werden müssen, dass sie nicht von einer ganzen Nation und selbst von Franzosen missverstanden werden können. Eine redactionelle Kleinigkeit! Der Kern der neuen Lehre liegt in den Worten:

„Das Glaucom ist ein Symptom, ist keine entité morbide, nicht, wie Graefe meinte, eine Chorioiditis, sondern nur ein Symptom". Die Wichtigkeit der neuen Auffassung veranlasst mich, eine auf sie bezügliche Stelle aus der „Introduction. Définition du Glaucome" wörtlich zu citiren:

„Le glaucome n'est pas une entité morbide, c'est un symptome qui peut compliquer toute affection oculaire, en particulier aussi les choroitides, dans d'autres cas il est le phénomène prépondérant provoqué par des changements nutritifs des enveloppes de l'oeil, et il peut imposer alors, par cette prédominance, en laissant croire à une entité morbide. Un oeil devient glaucomateux du moment où l'équilibre entre la sécretion et excrétion de l'organe est rompu au bénéfice de la quantité de liquide que contient physiologiquement la coque oculaire. Cette rupture d'équilibre fera éclater une augmentation de pression intraoculaire, une accentuation de tension et une distension consécutive des parties les moins résistentes de la coque oculaire."

Selbstverständlich wird vorausgesetzt, dass bei gleicher Resistenz der Sclera die Drucksteigerung durch ein Missverhältniss von Zufluss und Abfluss entsteht. In diesem Sinne sprach Graefe von einer Hypersecretion, de Wecker von gehemmter Excretion, auf eine erhöhte Resistenz der Sclera hatten früher Coccius und Cusco aufmerksam gemacht. Neu in de Wecker's Lehre ist also nur der Gedanke: Glaucom ist ein Symptom.

Für die Leser dieser Schrift bedarf es nicht der Erinnerung, dass wir mit dem Worte Krankheitsbild die Reihe abnormer Erscheinungen, die mit constanter, durch Naturgesetze bestimmter Regelmässigkeit nach gewissen schädlichen Einflüssen an Stelle der physiologischen Erscheinungen tritt, um mit Restitutio, Untergang oder Narbenbildung zu enden, zu bezeichnen pflegen, und dass wir jeden Theil des ganzen Krankheitsbildes „ein Symptom" nennen.

Diese Definition als bekannt voraussetzend, hatte ich an anderem Orte bemerkt, der Eindruck des von unscheinbaren Anfängen durch einen complicirten Symptomcomplex bis zur Degeneration des ganzen Auges

fortschreitenden Krankheitsbildes sei ein derartiger, dass es unmöglich
sei, dasselbe für ein Symptom zu halten, und, um diese elementare
Frage nicht allzu ernsthaft zu behandeln, ein Beispiel hinzugefügt, wie
man durch solche Definitionen zu „Symptomen vom Symptom eines Symptoms" gedrängt werde.

Auf diese Einwände antwortet de Wecker in dem kurzen, incrimi-
nirten, von Leber gebührend zurückgewiesenen Artikel auf den ersten,
„an den Eindruck glaube er wohl, es handle sich aber auch nur um
einen Eindruck, und das sei auch Alles", auf den zweiten mit einigen
Gegenbeispielen, die ich kurz abfertigen will:

1. „Ein Duodenalkrebs giebt zur Schwellung, zur Bildung einer Geschwulst Anlass, welche durch Obstruction des Ductus choledochus Icterus erzeugt. Unzweifelhaft ist diese Obstruction
ein Symptom des Krebses und der nachfolgende Icterus ein Symptom der Obstruction, folglich das Symptom eines Symptoms, ferner
die Haut- und Urinfärbung ein Symptom eines Symptoms eines
Symptoms" (p. 253).

Unzweifelhaft ist dieser Einwand nur ein Symptom flüchtigen Nach-
denkens und nicht einer ernsten Meinungsverschiedenheit; denn der Verschluss des Ductus choledochus ist ebenso wenig Symptom des Duodenal-
krebses, als es ein Symptom des Carcinoma palpebrae wäre, wenn es
die Thränenpunkte oder den Ausführungsgang der Thränendrüse ver-
deckte, und der Retentions-Icterus ist nicht Symptom eines Krankheitsprocesses oder des zu demselben gehörenden Krankheitsbildes, sondern
Folge eines Krankheitsproductes, wie z. B. einer Obstruction.

de Wecker vergisst, dass Krankheitsproducte, wie z. B. venöse Stau-
ung bei Herzfehlern, die Ursache von Krankheitsprocessen in gewissen
Organen (Stauungsleber, Nephritis) werden können, und dass diese Processe unter bestimmten Krankheitsbildern auftreten, dass aber jeder
eine entité morbide bleibt, gleichviel ob er idiopathisch oder sympto-
matisch auftritt.

2. „Die Retraction einer cirrhotischen Leber ist unzweifelhaft ein
Symptom, die Behinderung der Gallenausscheidung das Symptom
dieses Symptoms und alle . . . icterischen Erscheinungen die
Symptome des Symptoms eines Symptoms."

Alle noch so ingeniös erdachten Beispiele dieser Art werden immer
daran scheitern, dass man in der allgemeinen Pathologie mit dem Worte
Symptom einen bestimmten Begriff verbindet, der mit dem des Wortes
Folge nicht gleichbedeutend ist. Dass verschlossene Öffnungen undurch-
gängig sind, ist nicht ein Symptom des Krankheitsprocesses, der den Ver-

schluss bewirkt hat, sondern liegt im Begriff des Wortes „Verschluss", und die Folgen des Verschlusses sind nicht Symptome eines bestimmten Grundleidens, sondern Consequenzen aller Krankheiten, in deren Verlaufe offene Canäle obstruirt werden.

Die richtige Antwort auf meinen ersten Einwand hätte also nicht lauten dürfen: „das will ich zugeben, aber es handelt sich auch nur um einen Eindruck, und das ist Alles", sondern sie hätte lauten müssen: „das will ich zugeben, aber ein solcher Eindruck beruht auf Bekanntschaft mit den Elementen der allgemeinen Pathologie und ihrem Sprachgebrauche, die mir — je nach der Selbstkenntniss des Autors — fehlen, oder die ich nicht anerkenne."

Der Leser ist in seinem guten Rechte, wenn er von mir verlangt, mit den Anfangsgründen der allgemeinen Pathologie nicht länger behelligt zu werden, als durchaus nothwendig ist, um zu zeigen, was man in der neuesten Ophthalmopathologie vom Jahre 1886 seinen Zeitgenossen bieten darf, und zwar in der neuesten Auflage eines umfangreichen, weit verbreiteten Lehrbuches, dessen Verfasser Graefe's Verdienst verkleinert und seine persönliche Zuverlässigkeit in Frage stellt, um durch eine wissenschaftlich unhaltbare, sich selbst widersprechende Definition als Begründer einer neuen, vor ihrem Einzuge in die Augenheilkunde von der allgemeinen Pathologie zurückgewiesenen Lehre zu erscheinen.

Von den drei Namen Mackenzie, Graefe, de Wecker, denen de Wecker ein historisches Recht auf die neue Glaucom-Lehre vindiciren möchte, bleibt der Graefe's der einzige, dem die Ehre gebührt, ein Übergangsstadium geschaffen und unheilbare Erblindung abgewendet zu haben.

Welches die Gründe sind, dass nur ein Übergangsstadium geschaffen wurde, dass wir 30 Jahre lang in der Hauptsache stehen geblieben sind und schliesslich aufgefordert werden, einen tüchtigen Sprung rückwärts zu thun, welche Aufgaben uns durch die Natur des Gegenstandes für die Zukunft geboten sind, darüber will ich sofort einiges „Positive" bringen.

Wie bekannt, fand Graefe in dem alten Krankheitsbilde des Gl. acutum den Schlüssel zur Therapie. „Die Drucksteigerung" schien ihm die Ursache aller anderen Symptome, der directe Sprung von der Symptomatologie zur Therapie wurde von glänzendem Erfolge gekrönt. Das therapeutische Problem für das alte, acute Glaucom war gelöst.

Über die Ursache der immer unter gleichen Erscheinungen sich manifestirenden Drucksteigerung aber hatte weder die pathologische Anatomie, noch das Ophthalmoskop Aufschluss gegeben. Aus klinischen Gründen glaubte Graefe eine Chorioiditis des vorderen Abschnittes annehmen zu müssen. So lebte Arlt's Chorioiditis ex dyscrasia venosa, der fortgeschrittenen Entzündungslehre Cohnheim's angepasst, als hypersecretorische oder seröse Chorioiditis wieder auf.

Bis dahin war die Glaucomlehre nicht frei von Hypothetischem (Deutung aller Symptome als Drucksymptome, Chorioiditis), aber sie war in erlaubten Grenzen geblieben, man hatte unsichere Hypothesen nicht als Fundamente verwerthet.

Die Fehler begannen mit der Entdeckung der Rand-Excavation. Graefe schwankte lange, er nannte uns seine Gründe, als er die Rand-Excavation ausnahmslos für eine Druck-Excavation erklärte. Aus keinem noch so grossen Materiale ist es möglich, dergleichen empirische Probleme in wenigen Jahren zu lösen. — Der folgende Fehler war verhängnissvoller: bis dahin war das Wesen des Krankheitsbildes (der Krankheitserscheinungen) „Drucksteigerung mit Schädigung der Retina und des N. opticus", der Krankheitsprocess eine Chorioiditis gewesen, Glaucom war der alte, aus Pietät beibehaltene Name. Mit dem Satze „Rand-Excavation ist Druck-Excavation" wurden neue Glaucome geschaffen, neue Krankheitsbilder, zu denen man neue Krankheitsprocesse zu erfinden hatte, deren zweifelhafte Existenz man mit dem unschätzbaren, therapeutischen Gewinne zu entschuldigen meinte.

Der therapeutische Gewinn blieb hinter den Erwartungen zurück, Graefe selbst sah sehr bald, dass er mit dem bei Gl. acutum erzielten nicht den Vergleich aushalte, seine Anhänger stimmten ihm bei, von gegnerischer Seite ging man so weit, zu behaupten, dass die Iridectomie ausnahmslos schade, und Jedermann musste zugeben, Rand-Excavationen bei normalem oder subnormalem Drucke Jahre lang beobachtet zu haben.

Als schliesslich noch die bewundernswerthe klinische Abhandlung über die Secundärglaucome erschien, die, wenn auch im sonstigen Krankheitsbilde dem Gl. acutum durchaus unähnlich, doch wenigstens die Drucksteigerung und die Rand-Excavation mit demselben gemein hatten, war die Pathologie um folgende Kategorien von Krankheitsbildern bereichert: 1. das alte Glaucom mit Symptomen der Chorioiditis, Drucksteigerung und secundärer Excavation, 2. die Secundärglaucome mit Symptomen verschiedenster Art (Leucoma adhaerens, Sarcoma chorioideae, Synechia posterior totalis etc.), Drucksteigerung und secundärer Excavation, 3. das Glaucoma simplex mit Rand-Excavation, nicht charakteristischem Druck, im Übrigen symptomlos. Den beiden ersten Kategorien gegenüber bewährte sich die Iridectomie als Heilmittel, bei der dritten waren ihre Erfolge inconstant und selbst bei hochgradiger Drucksteigerung nicht glänzend.

Man wird es Niemand verargen, der einen solchen Reichthum von Symptomcomplexen nicht für eine entité morbide ansehen mag, aber noch viel weniger einem Pathologen zumuthen, eine symptomreiche, in ihrem Verlaufe constante, sämmtliche Bestandtheile des Auges zerstörende Krankheit, wie das Glaucoma acutum, für „ein Symptom" zu halten, zumal da neuere, pathologisch-anatomische Untersuchungen, unter denen die von Czermak und Birnbacher mit den ersten Rang einnehmen, grobe, entzündliche Producte, vorzugsweise an den Venen der Chorioidea, zur Evidenz demonstrirt haben.

In der Pathologie ist man gewöhnt, Krankheitsbilder für Folgen von Krankheitsprocessen zu halten. Ein buntes Gemenge von Krankheitsbildern, Bildern verschiedener bekannter und unbekannter Krankheitsprocesse, — von Krankheitsbildern, die aus einem Symptom, der Drucksteigerung, bestehen (denn die Excavation ist Nichts weiter, als ihre natürliche Folge), oder aus einem Symptom, der Rand-Excavation, — sind in der Pathologie unerhört. So lange noch Drucksteigerung und Rand-Excavation für ausnahmslos zusammengehörige Symptome, für Ursache und Folge angesehen wurden, war es **therapeutisch** zulässig, unter dem Namen Glaucom alle durch Iridectomie heilbaren Drucksteigerungen zusammenzufassen. Seitdem wir wissen, dass es Rand-Excavationen ohne Drucksteigerung giebt, hat das neue Glaucom die Bedeutung eines therapeutischen Collectivbegriffes verloren, ein **pathologischer** Collectivbegriff ist es nur in der Zeit vor Graefe gewesen.

Die Unmöglichkeit, auf eine physikalische Anomalie, die Drucksteigerung, eine neue Species morbi zu basiren, habe ich schon 1879 in den „Mittheilungen aus der königsberger Augenklinik" betont, bei anderer Gelegenheit habe ich daran erinnert, dass man an eine Glaucom-Lehre nicht eher werde denken können, bis sämmtliche Glaucom-Formen als secundäre Glaucome in ihrem Verhältnisse zu dem Grundleiden (dem Krankheitsprocesse) erkannt sein würden. Meine damaligen Ansichten sind auch heute noch dieselben geblieben. Wir haben seitdem namhafte Autoren kennen gelernt, die in der Drucksteigerung wohl ein häufiges und dann wichtiges Symptom des Glaucoms, aber keineswegs ein constantes oder charakteristisches gesehen haben (mit welchem Rechte sie trotzdem Graefe's Symptomcomplexe für gleichartige, glaucomatöse gehalten haben, darüber sind wir nicht belehrt worden), — andere, denen jede Drucksteigerung mit und ohne Excavation genügt hat (das Maximum der physiologischen Druckhöhe ist man uns schuldig geblieben), — wiederum Andere, um de Wecker's Worte zu brauchen, die in verba magistri geschworen, — endlich phantasiereichere Forscher, die aus einem halben Dutzend Sectionsbefunde ihren eigenen Glaucom-Process aufgebaut haben, — kurz, wir sind in dreissig Jahren unausgesetzter, eifriger Arbeit so weit gelangt, dass wir uns nicht wundern können, wenn der pathologische Anatom in zwei „glaucomatösen" Augen nichts Verwandtes, nicht eine einzige, gemeinsame Veränderung findet. —

Auf keinem der vielen von ihm bearbeiteten Gebiete unserer Wissenschaft hat Graefe wider Willen so klar gezeigt, dass der geniale Arzt, der aus einem Symptom die Ursache der Erblindung erkennende Therapeut für die Praxis das Höchste auf einem Wege, den die wissenschaftliche Pathologie nie einschlagen darf, erreichen kann. Uns war die Aufgabe geblieben, das neue Glaucom in seine heterogenen Bestandtheile zu zerlegen, um endlich zu wissen, auf welche Erscheinungen es zu beschränken, ob es als Species morbi überhaupt aufrecht zu erhalten sei. Um meine Meinung durch ein willkürlich angenommenes Beispiel zu erläutern: wenn sich etwa ergeben sollte, dass eine gewisse Beschaffenheit des Corpus vitreum, die wir bei verschiedenen Krankheiten der Cornea, Iris, Chorioidea beobachten, mit Nothwendigkeit Drucksteigerung und consecutive Excavation zur Folge hat, so wäre es wissenschaftlich mehr gerechtfertigt, die Keratitis etc. mit ihren Symptomen zu schildern und ihren Zusammenhang mit der Erkrankung des Glaskörpers zu suchen, als eine neue Krankheit, Glaucom, aufzustellen, deren Vielgestaltigkeit keinen anderen Grund hat, als den, dass wir je zwei gleichzeitig verlaufende Krankheiten, selbst wenn die eine aus der anderen folgt, wie etwa eine Iritis aus einer Conjunctivitis, unter einem Collectivnamen als eine zusammenfassen und die Symptome der unbedeutenderen der wichtigeren, mit der sie Nichts zu schaffen haben, zuschlagen.

Wunderbarer Weise ist man seit zwanzig Jahren mit längeren und kürzeren Unterbrechungen weniger bemüht gewesen, die im Inneren des Auges den Krankheitsbildern parallel laufenden Vorgänge zu studiren, als auf experimentell-pathologischem Wege „Glaucom" zu erzeugen. Als mein alter Freund Hippel, damals mein Assistent an einer Privatklinik, die bekannten, schönen Versuche mit Grünhagen begann, eröffnete ich ihm die betrübende Aussicht, er werde experimentell den intraocularen Druck steigern, aber nicht Glaucom erzeugen; beide Experimentatoren haben ihre auf den Zweck verwandte Mühe nicht zu bedauern, die Wissenschaft verdankt ihnen manche neue Thatsache, aber mit meiner Prognose habe ich leider Recht behalten.

Ihren Höhepunkt erlangten diese Bemühungen, als Schwalbe's Injectionen der Lymphbahnen und Leber's Arbeiten über den Wechsel des Humor aqueus die Aufmerksamkeit aller Ophthalmologen fesselten; es giebt wenige Capitel der Ophthalmologie, auf die sie nicht einen reformirenden Einfluss geübt hätten, wenige, in deren heutiger Gestalt wir ihre Spuren nicht wiederfänden, aber wo man vorläufig am wenigsten berechtigt war, sie pathologisch zu verwerthen, in der Glaucom-Lehre, da gerade hat man sie mit einer Zähigkeit festgehalten, als ob Zweifel an der Richtigkeit der neuen Auffassung undenkbar wären. Dass wir auch dieser Phase der Glaucomentwicklung manche werthvolle Abhandlung verdanken, werden diejenigen, welche den Versuchen von Adolph Weber, den pathologisch-anatomischen Untersuchungen von Kniess, der Monographie von Priestley Smith gefolgt sind, nicht in Abrede stellen, aber ebenso wenig, dass die durch den Abfluss der Lymphe eingeleitete Strömung es an Einseitigkeit nicht fehlen liess.

de Wecker hatte unter den Ersten aus klinischer Beobachtung ohne experimentelle Basis Graefe's Lehre von der Hypersecretion kategorisch verworfen, Verschluss der Fontana'schen Räume, verhinderte Excretion war der Anfang, dauernd gehemmte die Höhe und das Ende des glaucomatösen Processes, — Adolph Weber konnte die Anschwellung der Processus ciliares, die consecutive Verdrängung der Irisperipherie gegen die Cornea experimentell erzeugen, durch den bekannten Öltropfen in der vorderen Kammer, der, so viel ich weiss, anderen Experimentatoren den Dienst versagt hat, schien er sogar endlich Glaucom producirt zu haben, — Kniess bestätigte die mechanische Entstehung des Glaucoms nach Verschluss der Kammerbucht durch einige Sectionsbefunde, — es folgten Cauterisationen der pericornealen Scleralzone mit Argentum nitricum und Ferrum candens, — der Abfluss der Lymphe wurde gehemmt, der Druck stieg gewaltig, und zur Noth liessen sich die sichtbaren Veränderungen auch zu einem Glaucom zusammenschweissen.

So ist die Strömung geblieben, man hat noch in den letzten Jahren Lymph-Emissarien postuliert, wo bisher keine gefunden sind, selbst de Wecker, der strenge Richter des Eindrucks, den mir das Gl. acutum macht, prophezeit in seiner neuesten Auflage (p. 618): „nous pensons que les travaux futurs démontreront que des conditions mécaniques se présentent pour l'anneau sclérotical péripapillaire comme causes originaires du glaucome, ainsi qu'on les a déjà clairement démontrée pour l'anneau trabéculaire sclérotical qui contourne la cornée." Wenn wir es nur erst so weit bringen, Emissarien postuliren zu dürfen, wo keine nachgewiesen sind, dann wird es der neuen Pathologie an Krankheiten der Se- und Excretion nicht fehlen.

Es ist bekannt, dass Stellwag von Carion und Arlt immer bemüht gewesen sind, die glaucomatösen Krankheitserscheinungen nach Analogie bekannter pathologischer Processe zu erklären, aber ihre Stimmen fanden wenig Gehör in einer Zeit, in der nach Graefe's bescheidener, letzter Erklärung, das Wesen der Drucksteigerung und die Wirkung der Iridectomie sei ihm so unklar, wie zuvor, plötzlich die best accreditirten, alten, pathologischen Processe, wie „Entzündung, Stase, Hyperämie, Transsudation", aus der Glaucom-Lehre verschwinden zu sollen schienen, wie es „der neueste Standpunkt" verlangte. Schwalbe's und Leber's schöne Entdeckungen durften von Pathologen, die sich auf der Höhe der Zeit befanden, nicht unbenutzt gelassen werden, — anstatt aller Krankheiten der Gewebe und Gefässe mit ihren physikalischen Consequenzen genügte es, einen idealen Riegel vor alle Emissarien zu schieben, und die unheilbare Drucksteigerung, das Glaucom, war fertig. Es folgten die realen Riegel, die an degenerirten Augen gefunden wurden, bei Hunden, Katzen Kaninchen liess man experimentell den Druck steigen, dass jeder echte Forscher vor Freude mit emporstieg, und als de Wecker schliesslich noch den Retentionsgedanken dazu lieferte, fehlte Nichts mehr, als der Tropfen durch den Dichtung in Wahrheit verwandelt wird.

So wenig ich damals die Bequemlichkeit der Hypothese gerade für die Ophthalmologie, die relativ so wenig von Sectionsergebnissen zu hoffen hat, und den praktischen Tact, Functions- und Postmortem-Anomalien jeder Art von einer vorläufig nach keiner Richtung hin controllirbaren Substanz abhängig zu machen, bewunderte, so fehlte mir doch einerseits jeder Halt an bekannten Lymphstauungen, der mir einige Aussicht, den glaucomatösen Process später auf diesem Wege zu begreifen, schaffte, andererseits die Beweglichkeit der Phantasie, die neue Lymphe in jedem Augenblicke den Erscheinungen zu accommodiren. Es blieb mir Nichts übrig, als vorläufig auf eine Hypothese, zu deren Begründung mir ausreichendes, empirisches Material fehlte, zu verzichten und meine bisherigen Erfahrungen mit Graefe's System zu vergleichen.

Nach Graefe war das einzige constante Symptom des Gl. secundarium die Drucksteigerung. Was wir bei der Diagnose in ein Krankheitsbild hineintragen, müssen wir selbstverständlich constant wiederfinden, also wurden die verschiedenen Secundärglaucome vorläufig ausgeschieden.

Für alle inflammatorischen Glaucome konnte ich aus eigener Erfahrung den Symptomcomplex, wie Graefe ihn schildert, die Drucksteigerung, Prognose und Heilwirkung der Iridectomie bestätigen. Nicht genug gewürdigt schien mir der Antheil der Cornea an der gesammten Medientrübung, ferner von den prodromalen Symptomen, dass die Obscurationen und farbigen Ringe nur bei glaucomatösen Processen vorkommen. Dass einzelne Anfälle durch Medicamente und spontan heilen und nicht wiederkehren, konnte man erst seit der Einführung des Eserin in die Therapie feststellen. — Das Wesen betreffend, war Graefe's erster Versuch, alle Symptome als Druck-Symptome aufzufassen, schon von Anderen mit guten Gründen abgewiesen worden, ebenso Donders' Glaucoma simplex als reines Glaucom, dem das acute als Glaucoma cum inflammatione entsprechen sollte. Dem Anscheine nach entsprachen die flüchtigen Anfälle am ehesten dem acuten Ödem, die dauernden einer Entzündung der vorderen Chorioidea, in der pathologischen Anatomie gingen die Meinungen noch so weit auseinander, dass der Kliniker sich mit Analogien, Ähnlichkeiten behelfen musste.

In Bezug auf das chronische, nicht inflammatorische Glaucom konnte ich mich Graefe's Schlussfolgerung, „Rand-Excavation ist Druck-Excavation, Drucksteigerung ist glaucomatös, also Rand-Excavation glaucomatös" nicht anschliessen. Man hatte Rand-Excavation und Erblindung ohne Drucksteigerung beobachtet, ich hatte Jahre lang Rand-Excavationen unter Augen gehabt, ohne Druckschwankungen nachweisen zu können, vor Allem aber hatte ich zu oft die centrifugale Entwicklung der Excavation vom Centralcanal nach dem Rande beobachtet, als dass ich mich hätte entschliessen sollen, den unbestimmbaren Moment der ersten Gefässverschiebung am Rande zum Initialsymptom eines Krankheitsprocesses zu machen. Die These: „jede Rand-Excavation ist Druck-Excavation, also Glaucom-Symptom" schien mir unannehmbar.

Functionsstörungen, Prognose, Wirkung der Iridectomie bestätigten vielfach, wie es nicht anders zu erwarten war, die Angaben, die der genaueste, streng sich an die Wahrheit haltende Beobachter uns hinterlassen hatte, namentlich über den gewöhnlichen Sitz des ersten Gesichtsfelddefectes in der nasalen Hälfte und die Kriterien der Prognose, wo keine Complication das reine Bild trübte, aber je länger ich untersuchte, desto mehr sah ich ein, dass von klinischer Seite nur durch eine genaue, auf bestimmte Fragen gerichtete, umfangreiche Casuistik ein Fortschritt möglich sei. Alles, was bisher pro und contra Graefe's Drucklehre angeführt war, bewies Nichts weiter, als dass es ein gefährliches Unternehmen in der Pathologie ist, aus einer gewissen Zahl übereinstimmender Beobachtungen allgemeine Schlüsse zu ziehen. Den richtigen Weg der Krankheitsbeobachtung hatte Graefe eingeschlagen, wenn er seine Beobachtungen auch zu früh für eine Theorie des Krankheitsprocesses verwerthet hatte. Wir wären in 30 Jahren ein gutes Stück

10*

weiter gekommen, wenn wir von seinen Schlüssen, als der Natur der
Sache nach verfrühten, einfach Notiz genommen und weiter beobachtet
hätten, anstatt in seinen Fehler zu verfallen und Fehler gegen Fehler
polemisiren zu lassen.

Nie bin ich mehr von der Nothwendigkeit kritischer, wissenschaftlicher Arbeit überzeugt worden, als bei jedem neuen Versuche, dem Glaucoma chronicum einen Begriff unterzulegen. Was ich hier ausspreche,
gilt weder einzelnen Autoren, noch einer ganzen Schule, sondern einzig
und allein der Sache: wenn einmal durch kritische Discussion die Überzeugung gewonnen werden sollte, dass wir nur durch gemeinsame, plan-
mässige Arbeit zur Kenntniss der Krankheitsbilder gelangen können, so
wird unsere Methode ihre eigene Entwicklung haben, wie sie der eigenthümliche Charakter unseres pathologischen Wissens fordert, sie wird in
die allgemeinen pathologischen Methoden übergehen, wenn wir das Fundament gelegt haben werden, das jene seit Jahrzehnten besitzen. Jedenfalls kann es keinen unrichtigeren Weg geben, als auf Grundlagen fort-
zuarbeiten, von denen jeder weiss, dass sie zum Theil willkürlich angenommen sind, bei der Kürze der Zeit aus einer genügenden Zahl von
Beobachtungen nicht gewonnen sein können.

Überrascht uns die pathologische Anatomie nicht mit unerwarteten
Aufschlüssen, so scheint mir der plausibelste Weg, über die Natur der
Excavationen in's Klare zu kommen, der, dass wir uns nicht an die Rand-
Excavation, sondern an jede centrifugal fortschreitende Excavation halten
und die Druck-Excavation des Glaucoma acutum neglectum pathologisch-
anatomisch und, so weit es geht, ophthalmoskopisch mit der Excavation
des Glaucoma simplex vergleichen. Noch sind wir nicht so weit, zu wissen,
ein wie grosser Theil der chronischen Krankheitsbilder, die wir seit Graefe
Glaucom nennen, seinen Namen behalten wird. —

Wenn ich meinen eigenen Entwicklungsgang in der Glaucom-Frage
in solcher Breite dem Leser darlege, so geschieht es in der Annahme,
dass meine Person vollständig zurücktritt, so weit sie nicht einzig und
allein dazu dient, den Standpunkt des Klinikers, wie er nun einmal
durch Graefe's vielleicht richtige, aber jedenfalls nicht berechtigte Schlüsse
gegeben ist, gewissermaassen zu personificiren. Um über das Wesen
des glaucomatösen Processes mir eine von sicher diagnosticirten
Glaucom-Fällen und nicht etwa von beliebigen Opticus-Krankheiten ausgehende Vorstellung machen zu können, blieb mir nach dem soeben Besprochenen Nichts übrig, als auf das inflammatorische Glaucom zurück-
zugehen. Zwei Beobachtungen, die, so viel ich weiss, bisher nicht publicirt
worden sind, in meiner Praxis aber ausnahmslos sich bestätigt haben,

schienen mir geeignet, den Weg von den Erscheinungen zu den Ursachen (den inneren Vorgängen) zu eröffnen, von beiden aus gelangte ich zu demselben Resultate. Die beiden Beobachtungen sind: 1. die prodromalen Obscurationen und Farbenkreise sind pathognomonisch, 2. jeder wegen Glaucoma inflammatorium enucleirte Bulbus bleibt länger hart, als ein normaler. Vielleicht kommen Andere, von anderen Symptomen, z. B. der Dilabatio pupillae, der Härte ausgehend, weiter, die Wahl steht jedem frei, wenn nur das Resultat keiner Krankheitserscheinung widerspricht.

Ad 1. Die Obscurationen sind durch Medien-Trübungen bedingt, entsprechen ihnen dem Grade und der Dauer nach, beide verschwinden vollständig nach Stunden und, seit wir Escrin kennen, nach Minuten; die gewöhnlich gleichzeitig nachweisbaren Symptome sind: unbedeutende episclerale Injection, geringe Verfärbung der Iris, Trägheit der etwas dilatirten Pupille, Drucksteigerung. — Die Medien-Trübung bedeutet eine geringe Veränderung der Ernährungsflüssigkeit, das schnelle Kommen und Gehen spricht für ein Transsudat, das ebenso schnell austritt, wie es resorbirt wird (Ödem), gleiche Ödeme lehrt uns die Pathologie unter den verschiedensten Umständen kennen, wo der Abfluss durch verengte Venen abwechselnd erschwert und erleichtert wird. Der Rest des Transsudates, der die Drucksteigerung bewirkt, ist in den Glaskörperraum zu verlegen (Vorrücken der Iris und Linse bei aufgehobener, hinterer Kammer), die Quelle der Transsudation in Gefässe, von denen die Ernährung der Medien abhängt. Diese Annahmen führen zu Stasen in den Venen des vorderen Chorioidal-Segmentes, aus denen eine Transsudation in's Auge zu Stande kommt, wenn der Abfluss durch die vasa vorticosa erschwert ist. Die Veränderungen der Iris und Pupille bedeuten dann ebenso, wie die episclerale Injection, Blutüberfüllung aller vor dem Hindernisse befindlichen Venen. Die Ursache des sogenannten Atropin-Glaucoms kennen wir nicht eher, als bis wir Glaucom bei Aniridie erzeugt haben; denn von dem Einflusse des Atropins auf die Gefässe des corpus ciliare kann nicht schlechtweg abstrahirt werden.

Ad 2. Der enucleirte Augapfel bleibt relativ hart. Die Spannung bleibt, wenn Herzthätigkeit, Spannungswechsel der elastischen Gefässwand, Muskeldruck ausgeschlossen ist, die Kammern sind eng, also ist (gleichen Widerstand der Sclera vorausgesetzt) der Inhalt des Glaskörperraumes vermehrt. Unsere Krankheitslehre zeigt uns mit einigen, ophthalmoskopisch sichtbaren Ausnahmen die Chorioidea und zwar meist ihren vorderen Abschnitt als Ursache der Glaskörperkrankheiten, auch von diesem Standpunkte aus würden wir also am ehesten

präexistirende, venöse Stasen im vorderen Segmente der Chorioidea mit
Transsudation in den Glaskörperraum als Ursache des Glaucoma inflammatorium anzusehen haben.

Unter der Reserve, dass die pathologische Anatomie sowohl die
venösen Stasen, als Glaskörperveränderungen, zu bestätigen hat, ist es
erlaubt, die weiteren nothwendigen oder wahrscheinlichen Consequenzen
zu ziehen und zu prüfen, wie weit dieselben dem Krankheitsbilde widersprechen.

Nach den Angaben unserer besten Autoren ist die Peripherie der
Papille die kreisförmige Grenze für die Grundfläche des Kegels, der
durch den Glaskörper mit der Spitze nach der Linse hin als Canalis
Cloquetii aufsteigt. In diesen Canal habe ich bei der Febris recurrens,
der sogenannten Intoxications-Amblyopie etc., aus dem Centralcanal der
Papille entzündliche Producte aufsteigen gesehen, in Excavations-Gruben
hat schon Heinrich Müller, nach ihm verschiedene, pathologische Anatomen und Ophthalmologen Glaskörpersubstanz oder Fetzen der Hyaloidea
gefunden, ausserdem ist der Centralkanal die wenigst resistente Partie
der Papille, es ist also folgender Vorgang während des acuten Glaucom-
Anfalles sehr wohl denkbar: die in den Glaskörper transsudirte
Flüssigkeit oder die durch ein Transsudat veränderte Glaskörpersubstanz drängt gegen den Centralcanal, von dem aus
sie direct oder als Ursache von Quellungsvorgängen der Achsencylinder in der Richtung des geringsten Widerstandes wirkt.
Mit einer solchen Auffassung lässt sich das allmähliche Fortschreiten der
Excavation, die Gefässverschiebung bis zum scharfen „Abknicken" am
Rande, das ganze Verhältniss zwischen der Form der Papilla optica und
der Sehstörung ohne Zwang leichter erklären, als wenn wir nach Aus-
flüchten suchen, wie auf physikalischem Wege bei niedrigerem „Druck"
die Function relativ schlecht, bei höherem besser sein soll. Ausserdem
gewinnen wir für die Beobachtung des Krankheitsbildes, sowie für spätere
Sectionen die Möglichkeit, ophthalmoskopische und Postmortem-Verän-
derungen in Gemeinschaft mit genau beobachteten, functionellen Anomalien unter dem gemeinschaftlichen Gesichtspunkte eines pathologischen
Processes (anstatt einer wenig bekannten Leitungsveränderung des ner-
vösen Sehapparates bei ungleicher Compression) zu betrachten. —

Beide Beobachtungen führen auf eine zunächst noch nicht weiter
erörterte Circulationsstörung in der vorderen Chorioidea als prädisponirende
Anomalie, die unter verschiedenen ungünstigen Bedingungen Überfüllung
aller Venen und Gewebe diesseits des Stromhindernisses und Transsudation in die brechenden Medien, vor Allem in den Glaskörperraum zur

Folge hat. Die Glaskörperschwellung wird durch Druck auf die Sclera und die sie durchsetzenden venösen Emissarien ein steigerndes Moment für die venöse Stase, andererseits durch ihren Einfluss auf die Achsencylinder der Papille vom Centralcanal aus eine Erblindungsursache. Die inflammatorischen Erscheinungen sind, wenn auch nicht dem Aussehen nach, vollkommen analog den flüchtigen und bleibenden Vorgängen, die wir an den Wandungen dilatirter Venen an anderen Körperstellen, z. B. an den Extremitäten beobachten, wenn neue, plötzliche Stromhindernisse zu alten, durch Anastomosen ausgeglichenen hinzutreten. So theilen sich in den glaucomatösen Symptomcomplex anatomische, physikalische, pathologische Anomalien, und es dürfte ein vergebliches Bemühen sein, den Antheil jeder einzelnen an dem Eindrucke, den wir vom Krankheitsbilde erhalten, zu bestimmen. —

Zur Erklärung der angenommenen, präexistirenden Stase liefert die Klinik nur spärliches Material, von dem ich Einiges in Kürze anführen will: 1. das Alter der an acutem Glaucom Erkrankten fällt durchschnittlich mit dem Beginn seniler Gefässkrankheiten zusammen; 2. von Körperkrankheiten finden sich diejenigen am häufigsten, die wir als Ursachen venöser Stasen in den Gefässen des Gehirns und Gesichtes kennen, wie z. B. Emphysem, chronischer Catarrh etc.; 3. die Combination mit Klappenfehlern und Krankheiten der grossen Gefässe; 4. mit Schwäche und Verlangsamung der Herzthätigkeit (deprimirende, psychische Affecte, vor Allem Förster's Beobachtung des Glaucom-Falles nach Pulsverlangsamung durch Veratrin, Glaucom nach Blutverlusten, Peritonitis, amputatio mammae wegen Carcinom); 5. das Alterniren mit gichtischen Ablagerungen.

Der Leser ist mit der Glaucom-Literatur vertraut genug, die gegebenen Andeutungen genügen für den Zweck dieser Abhandlung, darzuthun, dass wir für das inflammatorische Glaucom mit den altbekannten Vorgängen der venösen Stase, Transsudation, des Ödems und der Entzündung auskommen, wenn es sich darum handelt, dem Krankheitsbilde einen Krankheitsprocess unterzulegen. Ohne Bestätigung durch Sectionen wird er, wie jeder andere, nur auf einen grösseren oder geringeren Grad von Wahrscheinlichkeit Anspruch erheben können, vorläufig giebt er der weiteren Beobachtung eine feste Basis, der pathologischen anatomischen Untersuchung eine bestimmte Richtung, dem Experimente die Prüfung genau formulirter Voraussetzungen, auf denen seine Annahme beruht, endlich macht er willkürliche Phantasien, die sich auf pathologische Analogien nicht stützen können, entbehrlich. — In Bezug auf das nicht inflammatorische Glaucom lernen wir, dass der Kliniker zum Träumer

wird, wenn er Krankheitsprocesse erfinden will, ohne die typischen
Krankheitsbilder genau zu kennen. Der unerlaubte Schluss, durch
den Graefe vor 30 Jahren aus der Rand-Excavation ein patho-
gnomonisches Glaucom-Symptom machte, wirkt heute noch
ungeschwächt fort: wir machen Glaucom-Theorien und behandeln
sogenannte Glaucom-Kranke, ohne zu wissen, was ihnen fehlt,
ohne zu wissen, ob die Fälle, aus denen wir unsere Theorien
ableiten, mit dem Krankheitsprocesse, dessen Bild zu allen
Zeiten „Glaucom" genannt worden ist, irgend welche Ähnlichkeit haben. Klinische Beobachtung, gemeinsame Arbeit nach
bestimmtem Plane ist heute, wie vor 30 Jahren, das einzige
Mittel, die Frage nach dem Wesen des Glaucoms oder vielmehr
danach, welche Symptomcomplexe wir Glaucom nennen **dürfen**,
zu beantworten.

Es ist eine traurige Aufgabe, der ich mich bis zum Schlusse entzogen habe, einem pathologischen Forscher in dem Augenblicke, in dem
er nach dreissig Jahren klinischer Arbeit seinem Werke selbst die Krone
aufsetzen will, zuzurufen, er möge die Krönung aufschieben, weil sein
ganzer Prachtbau einzustürzen drohe, aber ich fürchte in der That, die
soeben mit väterlichem Stolze verkündete Lehre ist von der lautlos fort-
arbeitenden Wissenschaft unterminirt worden, und in kurzer Zeit wird
die Lymphe aus dem Glaucom-Gebiete zu ihren Quellen, zu Schwalbe's
Intervaginal-Räumen und Leber's vorderer Augenkammer zurückfliessen.
Lasen wir doch vor Kurzem von dem Verfasser einer der besten, älteren
Monographien über Glaucom, von Priestley Smith, die kurze, wunderbarer
Weise von ihm für neu gehaltene Bemerkung, „Blutfülle werde vermuthlich die Ursache der glaucomatösen Drucksteigerung sein", treten die
Chorioidal-Venen doch in neueren, pathologisch-anatomischen Arbeiten,
vor Allem in der vortrefflichen Abhandlung von Czermak und Birnbacher
(Archiv Bd. 32) mit der Chorioiditis immer mehr in ihr Recht, während
die Corneoscleral-Grenzen der Versuchsthiere von Höllenstein, Glüheisen und
verwandten Glaucom-Ursachen (!) endlich verschont bleiben! Die lange
Periode, in der die Lymphe weit und breit im glaucomatösen Auge
stockte und die Glaucom-Lehre zum Stocken brachte, dürfte als Paradigma
für die Zukunft brauchbar sein, um zu zeigen, wohin man in der Pathologie kommt, wenn die Beobachtung selbstzufrieden sich beschränkt, und
die Kritik sich Schweigen auferlegt, damit geniale (?) Hypothesen Zeit
behalten, sich durch den Thierversuch ihre Unfehlbarkeit attestiren zu
lassen. —

Weit entfernt, die Grenze dessen, was durch klinische Beobachtung allein festgestellt werden kann, erreicht zu haben, untersuche ich vielmehr selten einen Kranken, in dessen Zustande ich nicht Material zur allmählichen Entscheidung wichtiger, pathologischer Fragen fände, und befestige mich immer mehr in der Überzeugung, dass gerade der Kliniker (selbstverständlich nicht ohne Controlle des pathologischen Anatomen) berufen ist, durch eine umfassende, auf alle scheinbaren Nebenumstände gerichtete Casuistik und nur durch eine solche das schwere, durch seine Berührung mit allen Gebieten der Pathologie und mit vielen Fragen der Physiologie höchst interessante Problem zu lösen. Allein in den Secundär-Glaucomen steckt eine Fundgrube pathologisch wichtigen Materials, dessen einfache casuistische Verwerthung und kritische Beleuchtung nach dem Vorbilde der „casuistischen Mittheilungen" Graefe's unsere Wissenschaft mehr fördern würde, als so manche „verbesserte Auflage" eines durchweg verbesserungsbedürftigen Lehrbuches mit seinen abgeschlossenen „positiven" Lehren, die der Wahrheit um so näher zu kommen wähnen, je länger sie Einer dem Andern nachspricht.

Für den Praktiker ist es eine wenig ermuthigende Arbeit, in empirischen Fragen einen grossen Theil seiner Arbeitszeit auf Beobachtungen zu verwenden, von denen er sicher weiss, dass sie nie zahlreich genug werden können, um allgemein giltige Antworten zu geben, er muss auf den glücklichen Zufall rechnen, der ihm ungeahnte Mitarbeiter zuführt, und, wo der Zweck nicht erreichbar ist, mit dem Interesse, das jedes wissenschaftlich verwerthete Mittel an sich erregt, vorlieb nehmen. Jedenfalls kommt er mit seiner Unwissenheit weiter, als „die Wissenden" mit ihren für Wahrheit gehaltenen Irrthümern.

Die von allen Seiten angegriffene Glaucom-Frage kann meiner Meinung nach nur gelöst werden, wenn wir auf den Standpunkt zurückgehen, auf dem sie sich befand, ehe Donders und Graefe gleichzeitig in der Rand-Excavation ein untrügliches Glaucom-Symptom zu erkennen glaubten. Soll der Name Glaucom dem klinischen Krankheitsbilde des inflammatorischen Glaucoms erhalten bleiben, so kann die Beobachtung der Symptome und des Krankheitsverlaufes eine Verwandtschaft mit dem Gl. simplex nicht zugeben; selbst mit dem Eintritte der Rand-Excavation besteht zwischen dem inflammatorischen Glaucom und der einfachen Rand-Excavation eine solche Divergenz der Symptome und des Verlaufes, dass man mit den heutigen Erfahrungen die Gründe, durch die Graefe sich bestimmen liess, seine „Amaurose mit Sehnerven-Excavation" aufzugeben, schwerlich gelten lassen würde.

Es fragt sich also nur noch, ob vom Standpunkte des pathologischen Anatomen die Verschiedenheit der Krankheitserscheinungen aus einem und demselben Processe erklärt werden kann. Für ihn müsste an Stelle der Drucksteigerung die anatomische Ursache derselben im enucleirten Auge treten. Sollte dieselbe, wie ich annehme, in einer Veränderung des Glaskörpers gefunden, und sollten gleichzeitig constant Bedingungen oder Folgezustände von Chorioidal-Stasen nachgewiesen werden, so wäre zu untersuchen, ob beides für das Glaucoma simplex ebenfalls zutrifft. Nur in diesem Falle könnte unser jetziges Glaucom allenfalls aufrecht erhalten werden, in jedem anderen fiele dem Kliniker die Aufgabe zu, durch genaue Beobachtung des functionellen Verfalles, der Excavations-Entwicklung und aller sonstigen Abweichungen unterscheidende Merkmale zwischen verschiedenen Formen des gegenwärtigen Glaucoma simplex aufzusuchen. An dieser Stelle wäre de Wecker's „Excavation mit Drucksteigerung" wohl zu verwerthen, wenn es gelänge, geübten Praktikern sichere Kriterien für die untere Grenze der Drucksteigerung zu schaffen, die Ursache der Drucksteigerung zu ermitteln und vor Allem den causalen Zusammenhang so weit aufzuklären, dass es begreiflich wird, warum den minimalsten Drucksteigerungen oft tiefe Excavationen und proportionale Functionsstörungen entsprechen. Dann begänne von Neuem die so oft vergeblich unternommene Arbeit des pathologischen Anatomen. —

Der Leser, der in de Wecker's neueste Glaucom-Lehre einen Blick wirft, wird sofort erkennen, dass unsere Ansichten über „den neuesten Standpunkt" diametral entgegengesetzt sind, auf der einen Seite die stolze Überzeugung, die Frage zum Abschluss gebracht zu haben, auf der anderen das demüthigende Geständniss, dass wir heute noch nicht wissen, was wir Glaucom nennen dürfen. So extreme Gegensätze zwischen Männern, die, mögen ihre Fähigkeiten noch so ungleich sein, doch immer seit einer Reihe von Jahren über denselben Gegenstand nachgedacht haben, beruhen nie auf einer verschiedenen Auffassung einer oder der anderen pathologischen Erscheinung, sondern auf principiellen Gegensätzen, die man in dem Folgenden angedeutet finden wird, ohne dass ich auf dieselben mit Fingern zu zeigen brauchte.

Ehe ich dazu komme, ist es mir ein Bedürfniss, mich in kurzen Worten offen über die Tendenz dieser Abhandlungen, über die Niemand besser, als ich selbst, Auskunft geben kann, auszusprechen. Wäre dieselbe Anderen nicht ersichtlich, hätte ich mich durch zu grossen Eifer für die Sache hinreissen lassen, dem Ganzen einen unrichtigen Charakter zu geben, so würde ich es lebhaft bedauern, am meisten, wenn ich wider Willen ungerecht in meinem Urtheile gewesen wäre.

Vor Allem liegt mir daran, mich über das auszusprechen, was ich in wissenschaftlichen Dingen für „persönlich" und für „sachlich" halte, da mir mitunter, so neulich wieder von Herrn Schweigger, die Absicht, persönliche Angriffe hinter scheinbar wissenschaftlichen Erläuterungen zu verstecken, öffentlich untergeschoben worden ist. Wenn ich mich bemühe, die Verbreitung von Behauptungen, die ich für Irrlehren halte, dadurch zu verhindern, dass ich sie mit aller Schärfe und möglichst vernichtenden Gründen unter Nennung des Namens, der sich nicht versteckt hat, angreife, — wenn ich das Verfahren, unsern grössten Kliniker, dem die Wissenschaft und ein Theil der noch lebenden Fachgenossen für Alles, was er ihnen direct gegeben, nicht genug danken können, in öffentlichen Reden vor Nichtophthalmologen und in der gelesensten Zeitung „für praktische Ärzte" ungerecht, wie ich überzeugt bin, herabzuziehen, mit harten Worten verurtheile, — wenn ich selbst gegen die Fehler gewisser Lehrbücher mit Gründen, die sich lediglich gegen die Methode, gegen Ansichten und Behauptungen wenden, scharfe Opposition mache, so handle ich im Interesse der Sache, gleichviel ob ich den Namen des Autors nenne oder gegen das Interesse des Lesers verschweige. Persönlich aber würde ich verfahren, wenn ich einem Autor, und wäre es der Schlimmsten einer, Motive unterschöbe, die aus seinen Worten nicht mit Nothwendigkeit hervorgehen. Ich habe meinen alten Lehrer Arlt genannt, um zu zeigen, wie selbst Männer von der Klarheit seines Urtheils scheitern müssen, wenn sie in unrichtige Bahnen, vor denen ich warnen will, einlenken, de Wecker und Schweigger genannt, wo es mir galt, nachzuweisen, dass ich nicht gegen vereinzelte Extravaganzen unbekannter Leute polemisire, sondern gegen Irrlehren, die in weit verbreiteten Werken oder von der Stelle aus, in der Graefe noch vor Kurzem wirkte, sich Geltung zu verschaffen suchen. Damit glaube ich der Sache zu dienen, gleichviel ob es den Personen gefällt oder nicht, und so, meine ich, sollte es in wissenschaftlichen Streitfragen immer sein. Dass ich Personen nicht geschont habe, die Graefe's Person nach dem Tode noch verdächtigten, und derbe Hände, die sich an mir vergriffen haben, nicht mit Glacéhandschuhen streichle, wird man mir vergeben.

Sollte man mich aber der Überhebung für fähig halten, als dünkte ich mich denjenigen überlegen, die andere Wege, als den von mir eingeschlagenen, gegangen sind? Dagegen möchte ich mich verwahren, weniger, um nicht für ein Opfer seniler Thorheit gehalten zu werden, als um nicht für verständnisslos und ungerecht gegen Männer, mit denen ich mich nie verglichen habe, und gegen Viele, die unausgesetzt für unsere Wissenschaft thätig gewesen sind, zu gelten. Es würde mir nie einfallen, dem Einzelnen vorzuschreiben, wie er sein Talent und seine Kraft verwerthen soll, aber ob in einem gewissen Zeitabschnitte, und wäre es der jetzige, die Collectivarbeit der Forscher einseitig und deshalb der Wissenschaft nicht so förderlich gewesen ist, wie sie mit Berücksichtigung der vorhandenen Kräfte hätte sein können, darüber ein Urtheil abzugeben und zu begründen, steht Jedem frei, und das war meine Absicht. Ich bin der Meinung, dass es dringend geboten sei, scharf zu prüfen, was wir nicht wissen, was sich von soit disant positiven Thatsachen von Generation zu Generation in unseren Lehrbüchern, ohne genau beobachtet zu sein, fortgeschleppt, was man aus Fragmenten durch willkürliche Zwischenglieder zu Fragen geformt hat, und so den kleinen Theil des Wissenschaftlich Gesicherten von vielem Unrichtigen und Erdichteten auszuscheiden. Es würde sich dann die Überzeugung bald Bahn brechen, dass jeder Einzelne im Stande ist, niederzureissen, was auf unsicherem Boden aus schlechtem Material aufgeführt wurde, oder im Laufe der Zeit baufällig geworden ist, aber dass keines Menschen Kraft und Lebensdauer ausreicht, allein zu schaffen, was wir brauchen. Ob dann Einzelne ohne persönlichen Zusammenhang auf dasselbe Ziel lossteuern, ob Andere nach gemeinsam entworfenem Plane arbeiten, jedenfalls würde in dem Charakter unserer Literatur der Gedanke, dass wir das Fundament einer neuen Pathologie, das typische Krankheitsbild, noch zu schaffen haben, ebenso zum Ausdruck kommen, wie in der Mitte des Jahrhunderts der Gedanke, dass eine neue Anatomie und Physiologie jeder pathologischen Untersuchung untergelegt werden müsse.

Mit dem Bedürfnisse, den bisherigen Inhalt unserer Pathologie genau zu prüfen, würde endlich die kritische Richtung wissenschaftlicher Arbeit zum ersten Male in unserer neuen Ophthalmopathologie zu ihrem Rechte kommen, und jeder Schritt vorwärts würde ohne unser Zuthun für ihre Unentbehrlichkeit zeugen. Mit ihr Hand in Hand würde die scharfe Beobachtung am Krankenbette gehen, denn es ist undenkbar, dass in empirischen Wissenschaften das Bedürfniss, mit eigenen Augen zu prüfen, was Andere gesehen haben wollen, sich der Kritik nicht anschliessen soll. Diese Art, der Wissenschaft zu dienen, ist in den letzten Decennien, vielleicht weil es an Zeitschriften für solche Bestrebungen fehlte, vernachlässigt worden, vielleicht weil die optimistische Annahme, jede Wahrheit müsse sich durch ihre eigene Kraft Bahn brechen, sich in den Köpfen der besten Fachgenossen noch erhalten hat. Die Geschichte und die tägliche Erfahrung lehrt, dass dem Irrthum jeder Zoll neuen Gebietszuwachses in mühsamen Kämpfen abgewonnen werden muss, und dass gerade in denjenigen Wissenschaften, in denen theoretisches Überlegen sich mit praktischem Versuchen, mit dem Streben nach handgreiflichen Erfolgen, in die Arbeit theilt, ein Übergewicht der letzteren für Jahrzehnte und Jahrhunderte von der Wissenschaft Nichts übrig lässt, als den Namen. Nur eine wunderbar naive Auffassung der Menschennatur kann annehmen, dass der ernste Charakter einer nach Wahrheit strebenden wissenschaftlichen Literatur gesichert sei, so lange die Autoren nicht einer unerbittlichen, objectiven Kritik ihrer Publicationen verantwortlich sind. —

In dem rastlosen, von kaum Errungenem nach neuen Zielen fortstürmenden Leben der Gegenwart bleibt keine Zeit, einen festen Standpunkt, von dem aus ein weites Gebiet nach allen Richtungen durchstreift und neu bearbeitet werden soll, zu gewinnen. Den Namen Graefe wird man noch lange in Lehrbüchern, die bei neuen Methoden, Behandlungen etc. die Autoren in Parenthese erwähnen, genannt finden, aber nicht ebenso lange wird man sich erinnern, wie es in unserer Literatur vor dem Erscheinen des Archivs ausgesehen hat, und dass Graefe's Intentionen auf pathologischem Gebiete kaum realisirt zu werden anfingen, als ein früher Tod seine Thätigkeit beendete. Was er uns hinterlassen hat, sind Fragmente, in denen jeder den genialen Kliniker bewundert, Wenige die ersten Anfänge einer Reform, die er durch die ganze Ophthalmologie durchzuführen beabsichtigte, erkennen dürften. Ich würde mich nicht erdreisten, diese Behauptung auszusprechen, wenn er sie in mündlichem und brieflichem Verkehre nicht oft genug geäussert, wenn er mich nicht, des bevorstehenden Todes sicher, in seinem Sinne fortzuwirken aufgefordert hätte. Genaueste, klinische Beobachtung und kritische Verwerthung des Beobachteten, wie wir sie in vielen seiner „casuistischen Mittheilungen" finden, war seiner Überzeugung nach der nächste Schritt zur Begründung einer wissenschaftlichen Pathologie, für die das Fundament fehlte.

Innerhalb der engen Grenzen, die mir durch Befähigung, durch einen bescheidenen Wirkungskreis und manche Lebensverhältnisse gesteckt waren, bin ich bemüht gewesen, in seinem Sinne, der mit meinen lange vertretenen Überzeugungen vollkommen harmonirte, zu wirken. Einfluss auf eine mächtige, den Beruf des Klinikers weniger concentrirende Zeitströmung auszuüben, wäre vermuthlich jeder mehr, als ich, geeignet gewesen, ausserdem würde ich in der deutschen Literatur kaum eine Zeitschrift, die ihren Raum für meine Bestrebungen hergegeben hätte, gefunden haben.

Als ich die dritte Abhandlung eben für eine Publication in Graefe's Archiv fertig gemacht hatte, erschien de Wecker's Aufsatz „Glaucom ein Symptom", die Literatur der „Trichiasis" hatte mir zu vielen alten einen neuen Beweis gegeben, dass Beobachtung und Kritik die Entwicklung unserer Pathologie jedenfalls nicht bestimmt haben, im Anschluss an die Trichiasis zeigte die Pathologie der Conjunctivitis follicularis, wie unbekümmert um die Fortschritte der pathologischen und descriptiven Anatomie unsere Krankheitslehre ihren eigenen Weg geht, wie wenig sie es für nöthig hält, neu zu beobachten, alte Beobachtungen zu revidiren. So kam es, dass ich die vorstehenden drei Abhandlungen gleichsam als Zeugen für die Richtigkeit der ersten, die von Graefe's Intentionen handelt, zu einem Ganzen verband. Sie sollen nicht nach Art von Monographien ein Thema erschöpfen, noch viel weniger mit Arbeiten verdienstvoller Autoren, die andere Wege zum Ziele eingeschlagen haben, um den Preis streiten, sondern nur zeigen, dass für klinische Beobachtung und Kritik in unserer Pathologie noch genug zu thun ist.

Über die dem Kliniker durch die Eigenthümlichkeit unserer Pathologie gestellten Aufgaben hat, wie schon bemerkt wurde, eine principielle Meinungsverschiedenheit zwischen Graefe und mir nie bestanden, aber die Verhandlungen schienen nur theoretisches Interesse zu haben; denn unsere Hoffnungen auf Trennung der Ophthalmologie von der Chirurgie waren noch in den ersten sechziger Jahren auf Null reducirt. Als im Jahre 1868 Todesgedanken ihm zum ersten Male das Vertrauen zur eigenen, productiven Arbeitskraft raubten, als er zum ersten Male seinen Blick von der Wissenschaft zu ihrer präsumtiven Zukunft an preussischen Universitäten wandte, verliess ihn die Sorge um das Schicksal des begonnenen Werkes, dem er sein Leben gewidmet hatte, nicht mehr. Aus dieser Zeit existiren Briefe, in deren jedem die dringende Nothwendigkeit, alle Kräfte auf genaue, klinische Beobachtung zu concentriren und durch gegenseitige, streng objective Kritik eine sichere Basis für weitere Forschungen zu gewinnen, immer und immer wieder betont wird, und zwar fast ausnahmslos im Anschluss an Erfahrungen und Erlebnisse des Tages, die ihm über manche drohenden Gefahren die Augen geöffnet hatten. Eine Veröffentlichung dieser Briefe muss selbstverständlich so lange hinausgeschoben werden, als Personen, über deren wissenschaftliche Thätigkeit geurtheilt wird, noch am Leben sind. Mir als einem seiner Altersgenossen wird die lohnende Mühe der Veröffentlichung, die ich vorbereitet habe, nicht zufallen. Inzwischen glaube ich mein Versprechen, in seinem Sinne fortzuwirken, vor dem nicht allzu fernen Ende meiner Thätigkeit nicht besser einlösen zu können, als dadurch, dass ich seine Intentionen einem grösseren Leserkreise mittheile.

Je mehr die wissenschaftlichen Bestrebungen das nächste Ziel aus dem Auge verlieren, desto erfolgreicher wird ein unzuverlässiger, routinirter Specialismus mit seinen „empirischen, positiven" Thatsachen das grosse Wort auf den praktischen Gebieten unserer Wissenschaft führen, bis die Minderheit vielleicht zu spät einsehen wird, dass durch genaue, allgemein bestätigte und kritisch verwerthete Krankheitsbeobachtungen das Fundament einer wissenschaftlichen Pathologie gelegt sein muss, ehe sie, ohne das Ganze zu gefährden, ihre Kräfte nach verschiedenen, von dem subjectiven Ermessen der Einzelnen abhängigen Richtungen zersplittern darf. Man wird es mir nicht verübeln, wenn ich um Schutz gegen Vernachlässigung der wichtigsten pathologischen Methode an die einzige despotische Macht, von der Abhilfe zu hoffen ist, appellire: an die auf Gründe gestützte Überzeugung meiner Fachgenossen. Zu diesen Gründen einen Beitrag zu liefern, ist der Hauptzweck der vorstehenden Abhandlungen. —

Berichtigungen.

Seite 3 Zeile 13 von oben lies „Korn" statt „Kern".
 „ 31 „ 4 „ unten „ „kann derselbe" statt „kann sich derselbe".
 „ 54 Anmerkung Zeile 1 von unten lies „und die Follikel" statt „und Follikel".
 „ 60 Zeile 19 von oben lies „ca. 180⁰" statt „130⁰".
 „ 62 „ 17 „ „ „ „Entropion" statt „Entropium".
 „ 71 „ 12 „ „ „ „als oben," statt „als oben".
 „ 79 „ 2 „ „ „ „ba-cteriologisch" statt „bac-teriologisch".
 „ 83 „ 19 „ unten „ „Bindehaut-Verbrennungen" statt „Bindehaut Verbrennungen".
 „ 86 „ 3 „ „ „ „Augenwassern" statt „Augenwasser".
 „ 101 „ 1 „ „ „ „für operative Hilfe" statt „für die operative Hilfe".
 „ 107 „ 17 „ oben „ „Falls nur eine" statt „Falls eine".
 „ 110 „ 5 „ unten „ „denselben" statt „demselben".
 „ 112 „ 17 „ oben „ „indurirten" statt „inducirten".